放射能汚染はなぜくりかえされるのか

藤川賢・除本理史 編著

地域の経験をつなぐ

東信堂

はしがき

　本書のタイトルは、高木仁三郎の遺著『原発事故はなぜくりかえすのか』（岩波新書、2000年）を意識している。高木は周知のとおり、原子力利用に批判的な「在野」の研究者であり、同書は1999年の東海村JCO臨界事故を受けて、病床で口述されたものである。高木は「原子力時代の末期症状による大事故の危険と結局は放射性廃棄物がたれ流しになっていくのではないかということに対する危惧の念」を表明したが（同書p.183）、2011年の福島原発事故はその予感の正しさを証明することになった。

　高木は同書で、原子力技術それ自体あるいは技術者のあり方が、人びとの通常の感覚から大きく乖離しており、情報の改竄や隠蔽のような非倫理的な状況すら生み出していることを批判した。そしてそれこそが、高木が上記の「危惧」を抱いた原因でもある。

　高木はかつて原子力産業の技術者だったことから、原子力技術あるいは技術者に内在する視点に立ち、問題を明らかにしている。しかしいうまでもなく、原子力事故は技術のあり方やそれを取り扱う技術者の姿勢だけでなく、原子力利用に関する社会的意思決定の産物でもある。その意思決定においては、原子力利用の費用と便益の比較が大きな位置を占める。そして、その費用には放射線被ばくなどによる各種の被害が含まれるため、被害の過小評価は原子力利用を推進する方向へと作用する。

　なぜ、こうした過小評価と新たな放射能汚染問題がくりかえされるのか。本書では、被害の過小評価のメカニズムとその再生産に焦点をあて、原子力事故や放射能汚染がくりかえされてきたプロセスを検討したい。汚染被害の過小評価は、日本が経験してきた公害事件でもみられたところである。本書

では、日本の公害問題を念頭におきながら、それと比較しつつ、原子力事故や放射能汚染における加害と被害の特質、被害者の取り組みなどを検討する。この点が本書の特徴である。

原子力利用による被害の過小評価のメカニズムには、公害事件と共通する部分も大きい。しかし、公害事件と異なるのは、放射線被ばくの健康被害がただちにあらわれるわけではないという点である（被害の晩発性）。こうした特徴から、将来生じるかもしれない被害をめぐる不安という要素が新たにクローズアップされてくる。そして、人びとが抱く不安に対する軽視が、費用圧縮の重要な構成部分となるのである。将来への不安を小さくするために、過去の被害も小さくみせかけられていく。

被害の過小評価は、補償・救済の格差などを通じた被害者の分断をともなう。さらに、被害者に対する無理解や差別、被害者自身のあきらめなどと複合的に作用して、社会における被害の忘却、風化を引き起こす。

また、不安の軽視、被害の過小評価と、加害者の責任の曖昧化とは一体のものである。高木が生涯をかけて示してきたように、多くの市民が原子力利用をめぐるリスクに関心をもち、そこでの科学・政治・産業の結びつきに疑問を抱いてきた。しかし、「科学技術のもたらすリスクや問題が、科学技術を通してしか見えてこないという逆説的な状況に、私たちはおかれている」という現実がある（中村征樹編『ポスト3・11の科学と政治』ナカニシヤ出版、2013年、p.iv）。そのなかで科学者や専門家は、福島原発事故後にもみられたように、市民の関心にそった情報提供を行うのではなく、「不安を取り除く」ことを意図した言説をくりかえし、結果的に政府や電力会社の責任を隠蔽するとともに、不安を感じる市民のほうに責任を転嫁してきた（影浦峡『信頼の条件——原発事故をめぐることば』岩波書店、2013年）。このように、加害責任の曖昧化と被害の過小評価は一体のものとしてあらわれる。

こうした加害と被害の連鎖的構造をどうくいとめるか。科学的な説明が難しいリスクや不安を、いかに理解し共有していくことができるのか。本書では「地域」を通してそれを考えようとしている。

地域は、経験の共有について相克しあう二面性をもっている。一方では、

たとえば広島・長崎が平和宣言都市の代表例であり、原爆被災について世代を超えて伝えられていくように、地域社会は経験の共有と伝達の重要な場である。

他方、長崎でも原爆が浦上地区の経験(本書第2章参照)、あるいは被害者個人(団体)の課題として断片化・局所化されるなど、地域が断絶や差別の場になることも少なくない。原子力施設の立地地域では利害対立が生じることもある。地域社会は、加害者の責任の曖昧化、被害の過小評価、被害者の孤立・分断の舞台でもあるのだが、それらの出来事もまた、放射能汚染問題における重要な歴史である。

したがって、加害と被害の連鎖を明らかにするためには、共有・協力と差別・対立の葛藤という両面を含む地域社会の具体的な経験を追うことにより、放射能汚染問題の解決過程を注意深く検討していくべきであろう。広島・長崎の原爆被害、人形峠ウラン鉱害、茨城県東海村の原子力施設群の立地とJCO臨界事故、福島原発事故の事例研究を通じて、本書ではこの課題を追求したい。

本書の構成を説明しておこう。本書全体の問題意識を解説する序章に続き、第1章では、原爆症訴訟の意義と成果を論じている。被爆後10年近くも放置された原爆症は、1957年の「原子爆弾被爆者の医療等に関する法律」(原爆医療法)によってようやく救済の対象になったものの、最初からその範囲が厳しく限られていた。被爆者援護施策はその後、見直しを重ねてきたが、原爆症と認定されて手当を受給している被爆者は現在でもごく一部である。被災者団体は、地域の行政や医療関係者と協力しながら、その線引きの問題点を指摘し、基準の見直しを勝ち取ってきた。この章では長崎での活動を中心に、被害者運動、医療活動、政治判断、司法の関係を明らかにしている。

第2章も同じく長崎の被爆者を取り上げ、原爆体験を語ることができる状況について考察している。戦争が終わり、占領が終わっても多くの被爆者はその経験を語ることができなかった。差別へのおそれや、感情の整理がつかないといった理由だけでなく、何をどう語ればよいのか分からないといったこともあった。そうした状況に変化が起きたのは、積極的な社会運動と、来

日したローマ法王の被爆者に寄り添う発言によって、「差別の正当化」への対応が進んだためである。この長崎の経験から福島への教訓を考える。

1950年代の日本では、原爆被害者への対応と並行するかのように、原子力発電への開発が進んだが、その手探り状態だった1955年に、鳥取・岡山県境の人形峠でウラン鉱の露頭が発見された。脚光をあびた人形峠のウラン開発は、日本の原発で活用されることはほとんどないまま今日にいたっているが、その残土が人形峠の周辺に残されていることが発覚したのは1988年である。その後、長い運動の末、全体からみると一部にすぎないが2006年までに方面地区から残土が撤去された。

第3章は、方面地区で2000年代に起こされた2つの訴訟を中心に、放射能汚染をめぐる訴訟で何が争点になったのか、裁判所はどのように判断したのかを追う。そこでは、汚染の危険性そのものが主要な争点になったわけではないが、「健康障害・環境汚染等」の不安が存在することは原因者と被害者の間で共通認識となっており、裁判でも撤去が認められた。これに対して、福島原発事故による汚染物質の除去を求めたいわき市の事件では、裁判所が汚染原因者の法的責任の判断を回避し、撤去の要求が認められなかった。この章では、先例である人形峠事件裁判と対照しながら、福島原発事故による汚染問題の解決に向けた司法の役割と、取り組みのあり方を示す。

第4章では、1982年に地元町議会で反対が決議され、原発立地が撤回された鳥取県青谷原発計画をめぐる反対運動に言及する。青谷と人形峠は、同じ県内でともに原子力発電に関連する問題が生じた地であり、それらの運動に取り組む人たちの間での交流がある。この章では、その交流を通じて、原子力をめぐる地域での取り組みの経験が世代を超えて継承されていることに注目する。

第5章は、1999年のJCO臨界事故を中心に東海村の人びとと原子力施設との関係を追っている。東海村はウランの濃縮から再処理まで多くの原子力施設を抱え、原子力とともに発展してきた。それは、原子力施設に囲まれて生活することでもある。そのリスクはあまり認識されてこなかったし、複雑な状況は福島原発事故後の今日も変わらない。そのなかで、住民が感じる不

安についてどのように発言し、共有して対策につなげていくのか、歴史と現状を考察する。

第6章は、同じく茨城県を取り上げる。同県は、福島原発事故による避難者を受け入れた避難先であるとともに、地震や放射能汚染の影響を受けた被災地でもある。ただし、被災状況が社会的に十分認知・承認されていない（つまり被害が過小評価されている）「低認知被災地」とされる。「低認知被災地」に対する国の施策は乏しく、地元自治体や市民が独自に健康調査などの活動を行っている。そうした取り組みの意義に着目する。

第7章は、福島原発事故における「不均等な復興」と被害者の「分断」に焦点をあてる。福島原発事故では、避難や賠償をめぐって複雑な「線引き」がなされており、それは被害者の間の分断をもたらしている。そこでは単純に人びとの共同性を樹立することは難しいのだが、賠償格差と分断を乗り越えようとする当事者の集団的な取り組みも進められてきた。それらは、従来の復興政策を問うという射程も有している。福島では除染やハード面の復旧・整備事業が進んできたが、生活再建が困難な人たちも残されており、賠償格差なども作用して被害者の分断が生み出されている。この章では、そうした復興の不均等性を明らかにするとともに、原状回復の理念に立ち、事故前に営まれていた住民の生業や暮らしを取り戻す「人間の復興」が求められていることを述べる。

終章では、これらを踏まえつつ、今なお残る福島原発事故にかかわる不安について考察する。2017年3月31日と4月1日には帰還困難区域等を除く地域で避難指示が解除され、また「自主避難者」への住宅支援も打ち切られるなど、政府は原発避難の終了に向かっている。そうしたなかで、訴訟において「自主避難」の合理性・相当性が争われている。そこでは、放射線被ばくに関する不安をどうみるかが重要な論点となる。同じ放射線量に直面しても人びとの受け取り方がそれぞれ異なるのは、単なる主観的な差ではなく、受け手の側がどのような権利・利益を重視するかという価値観や規範意識が大きく作用している。避難者支援策を考えるうえでも、当事者の多様な行動選択を前提とした社会的意思決定が必要であり、司法にもそのことを踏まえた

判断が求められる。

　以上の諸章が示すのは、被害者に対する制度面での分断があり、リスクの認知もさまざまではあるが、他方、地域住民はそうしたリスクや不安を共有するよう努めながら、現状の改善を図る共同の取り組みを模索してきたのだ、ということである。不安を軽視せず、直視することが出発点であろう。そうした地域での経験を記録・継承し、また各地の取り組みを相互に学んでいくことが求められる。福島原発事故後の地域再生を考えるうえでも、また放射能汚染をくりかえす構造を転換していくためにも、ここから貴重な教訓を汲みとることができるのではないか。本書のサブタイトルにはそうしたメッセージをこめたつもりである。

2018年3月
藤川賢・除本理史

目　次／放射能汚染はなぜくりかえされるのか——地域の経験をつなぐ——

はしがき …………………………………………………………………………… i

序　章　くりかえされる放射能汚染問題
——いかに経験をつないでいくか—— …………………（藤川賢）3

1. 放射能汚染はなぜくりかえされるのか？ ………………………………… 3
2. リスク評価をめぐる公害問題からの教訓 ………………………………… 4
   (1)イタイイタイ病問題の経験から(4)
   (2)被害・リスクの軽視と「被害の潜在化」(7)
   (3)放射線リスク評価における「問題の局所化」(9)
3. 分断の論理と地域社会 …………………………………………………11
   (1)被害地域への差別(11)
   (2)地域の中での被害否定(12)
   (3)沈黙の中での差別と被害拡大(14)
4. 不安の共通性と理解可能性 ……………………………………………15
   (1)公害と原発被災における被害の共通性(15)
   (2)被ばくへの不安は少数派のものなのか(17)
   (3)多様性への共有可能性を求めて(19)
5. 分断と抑圧を防ぐために ………………………………………………20

第1章　「唯一の被爆国」で続く被害の分断
——戦争・原爆から原発へ——………………………（尾崎寛直）25

1. 一般市民の戦争被害の分断 ……………………………………………26
   (1)戦争被害と補償(26)
   (2)優先された軍人・軍属への国家補償との格差(28)
2. 「特別の犠牲」論と「被爆者」の誕生 …………………………………29
   (1)原爆被害の位置づけと被害者の放置(29)
   (2)戦争被害一般からの原爆被害の切り出し(30)
   (3)戦争被害受忍論の例外としての「特別の犠牲」論(31)

viii

3. 被爆者・被爆地域をめぐる分断 ………………………………32
  (1) 被爆者間の分断(32)
  (2) 被爆地域指定をめぐる不均衡による格差(34)
  (3) 不可解な類型区分——「被爆体験者」(37)
  (4) 根幹に据えられた基本懇答申(38)

4. 原爆症認定制度における矛盾 ………………………………39
  (1) 2段階構造の認定システム(39)
  (2) 原爆症認定の絞り込みの背景(40)
  (3) 原爆症認定基準と集団訴訟(41)

5. 原爆と原発——問題構造の連鎖 ……………………………43
  (1) 被爆者の原発に対する感情(43)
  (2) ヒロシマ・ナガサキからフクシマへ(44)

第2章　スティグマ経験と「差別の正当化」への対応
——長崎・浦上のキリスト教者の場合—— ………（堀畑まなみ）53

1. 強いられる沈黙とスティグマの経験 ………………………53

2. 長崎における原爆被害 ………………………………………56

3. 浦上のキリスト教者への被害と原爆死の意味づけ ………58

4. ローマ法王来日で迎える転換点 ……………………………60
  (1) ローマ法王の来日(60)
  (2) 長崎における市民運動の盛行(62)

5. 福島の今後に活かせることは何か ………………………64

第3章　人形峠ウラン汚染事件裁判の教訓と
　　　　福島原発事故汚染問題 ……………………（片岡直樹）67

1. 人形峠ウラン汚染事件 ………………………………………67

2. 放射能汚染解決への「自治会訴訟」裁判からの教訓 ……71
  (1) 「自治会訴訟」裁判での放射能汚染問題への認識(71)
  (2) 浮かび上がる問題——汚染原因者の問題解決能力(72)

　　　　　　　　　　　　　　　　　　　　　　　　　目　次　ix

　3.「榎本訴訟」裁判から分かること ································73
　　　(1)「榎本訴訟」1審裁判での放射能汚染問題への認識(73)
　　　(2)「榎本訴訟」2審裁判での放射能汚染問題への認識(75)

　4. 放射能汚染解決への「榎本訴訟」裁判からの教訓 ···········77
　　　(1)原告・被告双方の専門家意見書の根拠の違いと裁判所の判断(78)
　　　(2)原子力安全委員会の低線量被曝の危険性に対する認識と2審裁判(79)
　　　(3)裁判で考慮されるべき被曝影響について(80)

　5. 福島原発事故による放射能汚染除去に関する裁判例 ·········81
　　　(1)いわき市事件の放射能汚染問題解決に関する
　　　　裁判所の認識と問題(81)
　　　(2)汚染原因者の問題解決能力への裁判での評価(83)
　　　(3)汚染された空間に対する裁判での認識(84)

　6. 福島原発事故汚染事件で人形峠ウラン汚染事件から学ぶこと ······85
　　　(1)人形峠「榎本訴訟」裁判から学ぶこと(85)
　　　(2)人形峠事件での当事者間協議と合意から学ぶこと(86)
　　　(3)福島原発事故汚染問題で取組むべきこと(87)

第4章　鳥取の新しい環境運動をたどる
　　　　──青谷・気高原発立地阻止とウラン残土放置事件から3・11後へ──
　　　　··(土井妙子)91

　1. 鳥取の新しい環境運動の源泉 ·····························91

　2. 青谷・気高原発立地問題 ·······························94
　　　(1)初期の立地阻止運動(94)
　　　(2)「青谷原発設置反対の会」の結成から共有地化成功まで(99)

　3. ウラン残土放置事件 ·································103

　4. 3・11後の新しい環境運動 ·····························107
　　　(1)「えねみら・とっとり」の結成と活動へ(107)
　　　(2)「青谷反原発共有地の会」の結成と活動──新旧運動の合流(110)

　5.「原発のないふるさとを」──環境自治の思想の継承 ·········113

第5章　茨城県東海村におけるJCO臨界事故と
　　　　東日本大震災 ……………………………（藤川賢）117

　1.　原子力施設立地地域と「安全神話」の課題 ………………… 117

　2.　東海村における原子力施設の集積 ………………………… 119

　　　(1)東海村の概要と特徴(119)

　　　(2)原子力施設の集積(120)

　　　(3)原子力施設への安全意識(122)

　3.　JCO臨界事故 ………………………………………………… 124

　　　(1)事故の経緯(124)

　　　(2)事故後の原子力安全行政(125)

　　　(3)JCO臨界事故による東海村への影響(126)

　4.　福島原発事故と東海村 ……………………………………… 128

　　　(1)東海村での3・11被害(128)

　　　(2)東海第二原発廃炉への訴え(129)

　　　(3)東海村における原発への意識とその変化(130)

　5.　地域経験の共有に向けて ……………………………………… 132

第6章　「低認知被災地」における問題構築の困難
　　　　──茨城県を事例に── …………………………（原口弥生）139

　1.　広域汚染と避難 …………………………………………………… 139

　2.　「低認知被災地」としての茨城県……………………………… 142

　　　(1)「低認知被災地」の特徴(142)

　　　(2)「原発事故子ども・被災者支援法」への期待(143)

　3.　事故直後の放射線防護と食をめぐる行動調査から ………… 145

　4.　市民調査の意義と可能性──政策転換に向けて ………… 149

第7章　福島原発事故における被害者の分断
　　　　──賠償と復興政策の問題点──…………………（除本理史）155

　1.　原発事故賠償の仕組みと問題点……………………………… 155

目　次　*xi*

　　(1)直接請求方式(156)

　　(2)被害実態からの乖離と過小評価——慰謝料を事例に(158)

　　(3)「自主避難」(区域外避難)の問題(159)

　　(4)賠償の打ち切り(160)

2. 避難指示の解除と支援策の終了……………………………………… 161

　　(1)帰還政策の推移と現状(161)

　　(2)仮設住宅の打ち切りをめぐって(163)

3. 復興の不均等性と被害者の分断…………………………………… 163

4. 賠償格差と分断を越えて——各地の被害者の取り組み ……… 166

　　(1)紛争解決センターへの集団申し立て(166)

　　(2)全国に広がる集団訴訟(168)

5. 生業や暮らしを取り戻すために…………………………………… 170

終　章　市民が抱く不安の合理性
　　　　——原発「自主避難」に関する司法判断をめぐって——

　　　………………………………………………………(除本理史) 173

1. 低線量被ばくと「不安」をめぐる論点 ………………………… 174

　　(1)「自主避難」問題と不安の合理性(174)

　　(2)リスク認知の多元性(175)

　　(3)政府、専門家などへの不信と「情報不安」(176)

　　(4)本章の課題と構成(177)

2. 「自主避難者」に対する賠償の到達点 ………………………… 178

　　(1)第1次追補(2011年12月)と紛争審査会内の意見対立(178)

　　(2)WG報告書(2011年12月)(182)

　　(3)第2次追補(2012年3月)およびそれ以降(183)

3. 低線量被ばくに対する不安の合理性 …………………………… 184

　　(1)低線量被ばくと「予防原則」(184)

　　(2)リスク認知の社会的・規範的次元(186)

4. 「自主避難」の合理性をめぐる2つの司法判断………………… 187

　　(1)京都地裁判決(2016年2月)(187)

(2)前橋地裁判決(2017年3月)（189）

5. 「経験としてのリスク」を共有する ………………………… 190

読書案内 ……………………………………………………………… 195

あとがき ……………………………………………………………… 199

索引 …………………………………………………………………… 203

執筆者紹介 …………………………………………………………… 206

放射能汚染はなぜくりかえされるのか
───地域の経験をつなぐ───

序　章　くりかえされる放射能汚染問題
――いかに経験をつないでいくか――

藤川賢

1. 放射能汚染はなぜくりかえされるのか？

　広島・長崎への原爆投下の後、世界的な核兵器軍拡競争と原子力の平和利用拡大という流れは、現在まで途切れることなくつながっている。被ばくの惨状は、少なくとも核実験と原子力発電所が急展開し始めた1950年代前半には原子力と放射能の脅威を伝える教訓にはなっていなかった。その後も世界的に多くの放射能汚染問題が発生しており、今後も再発の可能性を否定できない。

　なぜ、放射能汚染問題はくりかえされるのか。その理由の一つに、実際の汚染問題での経験が教訓として伝えられていないことがある。一時的に原発への恐怖や嫌悪感が広がっても、多くの人にとってはいつの間にか他人事に戻ってしまう。軍事や経済などの要素が複雑に絡むこともあって、うまく認識を共有することが難しい。

　1946年にビキニ環礁での原爆実験を行うに先立って、アメリカ軍は島民をほかの島へ退去させた。その際、米軍司令官は「合衆国政府は、この強大な破壊力を人類の利益に役立てたいと望んでおり、ここビキニでの実験こそ、その第一歩となる」と説明したという。だが、マーシャル語には核兵器について語る語彙がないため、マーシャル人通訳は単純に「アメリカ合衆国の人たちが何か強いものを使って、何か役に立つ良いものにしたいと、彼は言っている」と伝えたという (Barker 2013: 77)。

　これは単純な翻訳の問題ではない。より強大なものがより良いものであるかのように伝える傾向は近代に一般的であり、原子力もその一例である。ビ

キニ環礁での島民退去と同じ1946年、原爆投下一周年を迎える広島の新聞は一面で「広島市の爆撃こそ原子時代の誕生日」と題して、原子力発電や原子力船の可能性についてのヒギンボタム米国科学者連盟会長の談話を紹介している（『中国新聞』1946年8月6日付）。広島・長崎が第二次世界大戦の終結に、マーシャルでの核実験が冷戦の終結に、それぞれ寄与したという見方は今日のアメリカ社会での認識として一般的である（竹峰 2015: 41-42など）。原子力を受け入れようとする地域も、しばしば進んで原子力のプラス面を強調したイメージをつくり上げてきた。福島第一原発が建つ双葉町に「原子力　明るい未来のエネルギー」という看板が設置されたのは、チェルノブイリ事故から間もない1988年3月である。

　これらに共通するのは原子力の「何か良いもの」としての側面を強調することによって被害や危険などの負の側面が切り捨てられることである。ビキニ環礁の人びとは抗議することすらできないまま「自発的に」島を明け渡さざるを得なかったし、広島・長崎でも被ばく者は長く不安を口にすることができなかった。この傾向は今でも残り、科学的に説明しきれない放射能のリスクや被害について語ることは難しく、原子力はリスクをともなうけれども、それはメリットよりは小さくて対処可能なものとされることが少なくない。

　当然のことながら、そこではメリットの強調と同時に、リスクを小さく見せることも重要になる。その際、実際の大きな被害が明らかになればリスク評価が高まるのは当然である。科学の議論の中でリスクを小さく見せるにはどのような手法があるのだろうか。実は、日本はこの先例を四大公害訴訟の後に経験している。それをふり返るところから、放射能汚染リスク評価への教訓を見直していこう。

2. リスク評価をめぐる公害問題からの教訓

(1) イタイイタイ病問題の経験から

　公害経験と福島原発事故との関連性は事故直後から指摘され、その後も具体的事例に即した研究が続いている（土井 2013; 畑・向井 2014; 畑編 2016; 除本

2016など）。公害と放射能汚染の共通性は、組織の無責任性にかかわる加害の構造的要因など多岐にわたり（平岡 2013など）、被害放置のあり方もその一つである。筆者らは、公害・環境問題の放置構造と解決過程について、イタイイタイ病（以下「イ病」と略記）やアスベストなど、福島原発事故を含めたいくつかの事例を比較検討した（藤川ほか 2017）。環境汚染問題が明らかになると被害の補償救済と再発防止に向けた対策が行われるが、大きな問題への根本的な対応にはコストがかかるため、問題そのものを切り崩そうとする動きが生じることが多い。この動きには「まきかえし」「反動」「（グリーン）バッシング」など、いろいろな呼び方があり、細部は多様だが、被害の一部を切り捨て、問題を軽視することで対策費用を軽減させる仕組みには似た側面がある。その仕組みを同書では放置構造と呼んだ。

　たとえば1970年代、四大公害訴訟などによって急速に進んだ日本の公害行政は大きな「まきかえし」を受けた。その際、水俣病においては有明海や関川流域（新潟県）で指摘された「第三水俣病」が否定され、イ病に関しては対馬（長崎県）や生野（兵庫県）の「イ病」が否定された[1]。公害は一部地域の限定的な問題であり、それを過大評価して全国的に厳しすぎる公害防止対策・環境規制を展開しようとするのは不合理だというのが、まきかえしにかかわった政財界関係者の一般的な意見であった。

　「まきかえし」の代表例とされるイ病を例にすると、その表立った動きはイ病訴訟判決直後に、カドミウムがイ病を引き起こすという厚生省や訴訟判決の見解を否定するところから始まった。厚生省見解によれば、カドミウムは腎臓障害を引き起こしてカルシウムやリンなどの再吸収を妨げる（いわゆる「カドミウム腎症」）。そうなると血中のカルシウム濃度を保つために骨のカルシウムが溶かされるので、骨軟化症にいたる。これがイ病である。ただし、その過程が30年近くにわたることもあって、カドミウム腎症がイ病に直結するとは言えないという医学者もおり、訴訟で被告企業もそう主張した。法廷で否定されたその意見を行政の場にもう一度持ち出したのがイ病をめぐる「まきかえし」であり、自民党環境部会による報告書提出、国会質問、マスコミ報道などの政治的な運動の結果、厚生省から公害行政を引きついだ環境

庁はイ病の原因究明をやり直す方針を示した。

　ただし、まきかえしの影響が強く表れたのは神通川流域のイ病に関してではない。カドミウム汚染地域は神通川流域以外にも全国に点在しており、とくに神岡に次ぐ規模の亜鉛鉱山があった長崎県対馬などではイ病と同じ症状も報告されていた。まきかえしによって再編された研究班では、それらをイ病と認めなかった。富山を除くそれらの地域だけで見るとイ病相当の症例が少なすぎるというのが、大きな理由の一つである。他方で、カドミウム腎症については各地のカドミウム汚染地で確認された。カドミウム汚染があってカドミウム腎症が存在する地域にイ病が発生していないという主張はイ病カドミウム説を疑う根拠にも使われ、2003年まで『環境白書』にはイ病の原因とカドミウムの健康影響に未解明の部分があると記されている。これらは、一部地域でのカドミウム腎症患者への健康指導やカドミウムの規制強化と汚染土壌の復元工事を遅らせる結果につながった。

　この経緯は公害訴訟以前の政策決定過程を引きずっている。1950年代末に熊本水俣病がチッソ排水に起因する有機水銀中毒であるという調査結果が出たにもかかわらず、国はそれを認めず、熊本県は被害者を低額の見舞金で沈黙させる和解案を出した。水銀は全国的な課題にならず、熊本だけの紛争であるかのように処理された。そこには、議論がローカルなレベルにとどまるほど企業の相対的なウェイトが大きくなり、事態を企業有利にコントロールしやすくなるという政府役人の認識が介在した (George 2001: 118)。四大公害訴訟で全国的な関心が高まるとこうした局所的対応の問題性も見直されたが、被告企業の多くが敗訴を認めてしまうと、公害に関する全国的な世論の盛り上がりは沈静化した。その時期に進んだまきかえしは、行政にかかわる審議会や研究班などの限定された場での議論を中心にすることで、公害対策の影響ができるだけ経済界全体に及ばないような政治的配慮を望んだと言えるのではないか。

　その後、環境省 (庁) の委託研究などによって続いた研究には、イ病カドミウム説を裏づけるような、対馬をはじめとする神通川流域以外のカドミウム汚染地での骨軟化症の存在、カドミウム腎症による骨軟化症以外の健康影響、

1970年当時の想定より微量のカドミウムでも腎症につながる可能性などを示すものが多かった。だが、環境省(庁)は、カドミウム腎症の公害病指定を求める住民の訴えを認めず、食品中カドミウムの規格なども1970年から長く変えなかった。コメのカドミウム規格は、2010年にコーデックスによる国際規格の改定によって1.0 ppmから0.4 ppmへと変更され、その後、排水基準や環境基準も変わったが、カドミウム汚染の懸念が完全に払しょくされたわけではない。現在でも、神通川流域を含めて日本各地に、かつてのイ病のような重篤な被害ではないとはいえ、カドミウムによる健康影響のリスクを抱える人はいる。

このイ病の経験から、被害・リスクとリスク評価との関係を確認してみよう。ある身体的状態(たとえば腎臓機能の異常など)をどこから「病気」と判断するかは単純ではない。それがある物質(カドミウムなど)とどれくらいの因果関係をもつかを決めることはさらに難しい。その困難の中で、今度はその物質のリスクを評価し、規制などの基準を決めなければならないのである。その際、政治的な意図をもって、分からない部分、グレーの部分を切り捨てていこうとする動きが生じると、被害やリスクの過小評価につながることになる。その切り捨ての方法の一つに、その問題は限定的な地域でしか起きていないという「問題の局所化」があり、イ病は富山県の神通川流域に限定された。それは、イ病と慢性カドミウム中毒とは異なるという主張、したがってイ病の原因には「分からない」部分があるという主張につながり、結果としてカドミウムのリスクを厳しく評価するのが遅れたのである。

(2) 被害・リスクの軽視と「被害の潜在化」

上記のまきかえしのころ、イ病の認定審査会の席上で委員長が、イ病患者を1人認定すればそれだけ企業に負担を強いることになると発言したと言われる。神通川流域でのイ病認定は1972年に定められた条件から見ると縮小され、住民運動やそれを支える医学者たちはそれを少しずつ改善するために今日まで活動し続けている。

上記のように、被害やリスクの評価をめぐる議論の中で、公害をある地

域・時代だけに発生した事象であるかのように語ることがある。それは、場合によると、地域、居住歴、症状などさまざまな角度から「被害者」を少なくしようとする意図的な動きになる。結果としてリスク評価を緩くし、全国的な関心を低下させると同時に、被害者自身の動きをも遅らせるからである。神通川流域でも、認定患者数の減少によってイ病は終わったという認識が広まり、住民健康調査も受けないまま症状を悪化させている例が見られる。水俣病問題においても、認定制度をめぐる問題が「隠れ水俣病」などと呼ばれる潜在化した患者を増やすことにつながった。

　行政・専門家・世間が被害と被害者をどのように見るかという姿勢は、被害者自身の認識にも大きな影響を与えていく。足尾鉱毒事件では、農漁業被害について激しい運動を起こした住民たちが、相次ぐ健康被害については派生的にしか訴えていない。それを訴えても無意味だと住民たち自身が感じていたからだろう。このように社会的に低位に置かれていることが多い被害者自身が、被害に気がつかず、それを認識したとしても、自分の責任かもしれない、訴えても効果が分からない、などと考えて抵抗的な運動を起こせないことを飯島伸子は「被害の潜在化」と呼んだ。その曖昧さに乗じて行政も被害の実態を調べることを怠り、公害問題は長期的に放置され、拡大しやすくなるのである (飯島 1985)。

　公害訴訟後の水俣病やイ病をめぐる放置は、問題が顕在化して補償・救済の制度がつくられた後でも被害の潜在化が起こり得ることを示している。被害者が声をあげにくい状況では、不安を自覚しつつもそれを潜在化させてしまう人が増える。

　広島・長崎の原爆症に関しても、同様の歴史が見られる。原爆医療法が制定されて間もない1958年に32歳で亡くなった胃がん患者は、被ばく後の経緯から見ても症状や剖検から見ても放射線が原因だと考えられるにもかかわらず、医療審議会では原爆症と認定されなかった。そこで頑強に認定に反対した委員は、厚生省の予算を優先して「胃がんなぞを認定していたら金がなんぼあっても足らんよ」と言ったという (山代編 1965: 98)。原爆症認定をめぐる状況はその後大きく改善されつつあるとはいえ、こうした切り捨ての論理

や、その背後にある差別は今も残る。後述4.（2）で紹介するように、被ばく者のなかには健康の問題を気にするたびに放射能との関係が思い浮かんでしまう人もいる。科学的なリスク評価だけでは、その人たちが抱える「グレーの状態」について、放射線影響の黒白を判別することはできない。安全性や因果関係などが科学的に判明しがたい曖昧な部分も「グレーゾーン」などと呼ばれることがあるが、両者は深くかかわりつつも同一ではない。科学的なグレーゾーンは、科学者間の合意によって扱いを整理することが可能である。グレーの部分をできるだけ小さくしていく方が科学的議論を進めやすい。それに対して、被ばく経験や切実なリスクを抱える人たちの「グレー」には個人差や状況による差が大きく、整理しづらい。それを単純につなげてしまうと、発がんや生殖障害などを本人の体質や地域特性に帰責し、場合によっては貧困や怠惰といった中傷につながる可能性もある。

　このように科学的な議論におけるリスク・被害の過小評価と、被害者自身にかかわる被害の潜在化、社会全般の関心低下とは連動している。そこでは、科学的な議論と政治経済的な判断と根拠のない差別とが混合されることも多い。問題を一部地域に限定しようとする「問題の局所化」は、こうした混合や差別の根幹にかかわっている。

(3) 放射線リスク評価における「問題の局所化」

　水俣病やイ病などの公害病に関するリスクや被害と放射線リスクとは多くの共通点をもつ。たとえば、放射能汚染をめぐる人びとの不安の要因には、①五感で確認できない不可視性などの特性、②いつ、どういう健康被害が起きるのか予想できない確率的、晩発的影響、③科学的知見が未確立であることによる情報の「矛盾」と、それに関する発信者への不信、などがあると考えられるが、これらは水俣病やイ病に関してもある程度は指摘できる。

　ただし、一つの違いとして、劇症型の水俣病やイ病では特徴的な疾患（特異性疾患）があり、原因物質との因果関係も素人目にも分かりやすかった。典型的な症状の存在は議論を分かりやすくする。たとえば、上記のカドミウム中毒の事例では、のちの研究で対馬の経過観察患者などに骨軟化症の存在

が確認されている。だとすると、イ病は神通川流域でしか発生していないという主張は問題の局所化だったのではないかと、後からでもふり返ることができるのである。

それに対して、低線量放射線リスクについては、そうした特異性疾患がないこともあって、リスク評価そのものが難しくなっている。たとえば、がんは一般にも見られる病気なので、有意に増えたと言えるのか、その原因が何なのか、という証明がより困難なのである。中西準子によれば、化学物質のリスク評価は放射線のリスク評価をまねるように進んできたが、化学物質の方が種類も多く、経験を積んできたので、社会的合意についても進んだ一面があるという（中西 2012: 38）。その過程で、これ以下ならリスクゼロという閾値（しきい値）が不明な発がん性についても、多くの関係者の議論を経て「世論が収斂して」リスクの許容範囲や規制が決まってきた。放射線の被ばくリスクに関する年間1ミリシーベルト（1 mSv）という値もその一つである（中西 2012: 40-41）。

だが福島原発事故によって、この大筋の合意が突然に現実的なものでなくなってしまった。それに対する行政の対応も混乱する中で、多くの科学者たちが数値の意味などを説明し、人びとの不安をやわらげるための活動を行った（日本放射線影響学会 2015など）。その効果によって放射線に関する基礎的知識は全国的にひろがった。だが、では何mSvが現実的な新たな許容量なのかという全国的な議論は閉ざされたままである。その中で、政府は避難指示における緊急時の基準とした年間20 mSvを避難指示解除にも適用し、長期的に1 mSvを目指すとしている。だが、それに対する反発も強い。2017年に避難指示が解除された区域では年少人口のほとんどが帰らない状態が続いており[2]、そこには暗黙かつ曖昧な多重基準が認められる。

こうした事実上の多重基準は被害放置の大きな要因になる。つとに指摘されるように、原因と結果が時間的に離れていると科学的把握が難しく、その分、政治的判断の余地を残しやすい（神里 2017）。安全性を最大限に担保しようとすれば基準を相当厳しくする必要がある。他方で、リスク評価にかかわる専門家の議論も、コストなどの社会的要因を考慮せざるを得ない。この葛

藤をめぐる利害が大きくなると科学的議論への政治的介入が起こりやすくなる。その際、特異性疾患など、分かりやすい基準がないことは、その介入が起こる可能性を拡大することになる。

　被害をある地域に限定させてから議論しようとする問題の局所化も、同様に、汚染物質と被害症状との関係が明らかな特異性疾患に比べて、放射線リスクについての方が生じやすくなる。汚染源からの距離、自治体の境界、線量などで区分してその内側でしか被害は生じないという前提で議論が進んだ時、仮にそれが誤っていたとしても、証明する方法が難しいからである。そして、それが妥当であるかどうかとは関係なく、こうしたリスク軽視、問題の局所化によって、被害者は声をあげにくくなる。

3. 分断の論理と地域社会

(1) 被害地域への差別

　問題を局所化し、被害を特定地域に限定しようとする動きは、その地域全体への差別とも連続しやすい。水俣市の歴史はその代表例だろう。放射能汚染問題に関しても、同様の事態が生じている。

　放射能汚染を国の中心部や人口密集地域から遠ざけようとする姿勢は、時代や地域を超えて一般に見られる。その傾向は、核開発の初期から見ることができるが、放射能の危険性が明らかになるにつれて顕著になっていった。核実験の対象地がその典型である。1945年に最初の原爆実験をニューメキシコ州の砂漠で行ったアメリカは、その結果を受けて次の核実験は米国本土から遠く離れた地域でしか行わないという方針を立て、ビキニ環礁を選んだ（竹峰2015: 167）。冷戦下でのアメリカの軍事的優位を強調する意味もあって、1946年に行われた第二次大戦後初の核実験は大きく宣伝されたが、その際、絶海の孤島のイメージが利用されたという。航空写真を含めた映像によって、独立した生態系をもつ環礁の島と、島の間を気ままに行き来して歴史と無関係な社会を営む南海の島民が示されることで、自然の実験場としてふさわしいかのように映し出されたと指摘される（DeLoughrey 2012: 175）。そうし

12

た印象操作によって、実際には核実験による放射能は地球全体に拡大したにもかかわらず、その環礁がアメリカ本土から隔絶された空間であるというイメージづくりが行われたのである。それは同時に、南太平洋の小島に住む人びととアメリカ人との違いを強調することでもあった。

　そのイメージは明確な差別と直結する。1954年の水爆実験で多くのマーシャルの人びとが被ばくするが[3]、その一つであるウトリック島の人びとの帰島に関して、1956年1月のアメリカ原子力委員会生物医学部諮問委員会では次のような発言があったという。

　「〔帰島によって〕汚染された環境で人間が住む際の基準が得られる。活用できるこの種のデータは現存しない。かれらはたしかに西洋人のような生活はしておらず、文明人ではないことは事実である。しかし、ネズミよりはわれわれに近いこともまた事実である」(竹峰 2015: 304)。

　実際、広島・長崎の被爆者と同様、マーシャルの人たちも治療とはまったく関係のない調査の対象にされ続けた。被ばく者自身に向けては放射能の影響を否定し続け、他方で放射能の影響が想定されるからこそ調査が続けられるのである。そこには、同じ人間／別の存在という2つの認識が同居する。両者の使い分けがアメリカ側の都合によってなされることを含めて、そこには差別が見られる[4]。アメリカ政府とマーシャル島民との圧倒的な力の差によってマーシャルの人びとは被害を否定され、望む治療は受けられないまま、アメリカ本土の病院にまで送られていた。

(2) 地域の中での被害否定

　広島・長崎の原爆による放射能汚染も、戦争末期の日本軍によってはもちろん、アメリカ占領軍によっても強く否定され、被害の報道も厳しく規制された。GHQのファーレル准将は1945年9月6日、「広島・長崎では、死ぬべきものは死んでしまい、9月上旬現在において、原爆放射能のために苦しんでいる者は皆無だ」と述べ(高橋 2012: 49)、以後10年ほどにわたり、原爆の被害者は無視されることになる。

　こうした被害の否定は、地域の内部でも起きていた。市街の中心が爆心地

となった広島でさえ、復興の力強さを示そうとする動きの中で、被害からは目を背けられていく。被災翌年の8月6日に広島市では「復興祭」が行われた。当日の『中国新聞』社説は復興の遅れを前提としているものの、冒頭以外に「原子爆弾」に言及されるのは、「原子爆弾と敗戦の打撃に一時は救いようのないまでに深い虚脱感に突き陥された市民が」立ち直ろうとする機運がようやく昨今出てきた、という一文だけである（中国新聞社史編纂委員会 1972: 177）。広島市は全国の戦災都市の中でもいち早く復興対象に指定され、1949年には「広島平和記念都市建設法」が制定された。この法律でも、恒久平和を実現するための都市建設に国を挙げて取り組むことが明記される一方、原爆被害者などへの記述はまったくない。その第一条は、「この法律は、恒久の平和を誠実に実現しようとする理想の象徴として、広島市を平和記念都市として建設することを目的とする」と謳う。この時期、「平和」という言葉が、戦争や原爆に言及せず、その内実を隠す役割を担っていたことが分かる。

　爆心地が市の中心から少し離れていた長崎では、広島よりもその被害を覆いやすかったと考えられる。原爆投下から3年を迎えようとする『長崎日日新聞』（現在の『長崎新聞』）は次のように書く。

　「アトム・ナガサキは〔中略〕あの日の様相はかき消されようとしている。〔中略〕長崎市民は当時の感傷をすてて雄々しく文化都市の建設に突き進んでいる。75年は不毛の地といわれたのも思えば当時の杞憂にしか過ぎなかった。〔中略〕今日の日を迎えて平和日本実現の尊い犠牲となって、かの日散りにし4万の魂はなお我々国民に戦争が生む悲惨な姿を二度と繰り返さないように叫んでいる」（『長崎日日新聞』1948年8月9日付）。

　1952年にアメリカ占領が終わり、ビキニ被ばく問題が起きることによって被爆者の声は少しずつ大きくなっていくのだが、本書第2章でも言及されるように、その声も聞き手があってこそあげられるものなのである。1956年8月10日に結成された「日本原水爆被害者団体協議会」（日本被団協）も、第二回原水爆禁止世界大会から平和を訴える犠牲者としての役割が期待された側面がある。結成決議の第一項は「原水爆の実験を禁止する国際協定を結ばせよ」であり、被災者援護法への要求は第二項にとどまっている（『長崎日

14

日新聞』1956年8月11日付）。

(3) 沈黙の中での差別と被害拡大

　見捨てられていた時期の被害者は、沈黙の中で時間による癒しを受けていたわけではない。その間に健康影響はむしろ大きくなっていったのであり、その不安は、被害者はもちろん、それ以外の人たちの間でも増していった。地域社会の全体が外部からの差別を受けると同時に、多くの人が不安であるからこそ、それについて自由に語れない空気が醸成される。そのため、被害への理解も進まず、被害者への差別につながるのである。たとえば、長崎での様子は次のように書かれる。

　「残留放射能による影響はもちろんであるが、放射能は胎児に対しても影響を及ぼすことがわかり、さらにはいろいろな原爆後障害が発生するとともに、またその影響は遺伝に係る問題にまで波及して、原爆の怖さが次々と魔物のようにヴェールを脱いできた。被爆者の、このような内心の不安と恐怖感！　これを非被爆者の目からみると、被曝した者にはこれからどういった事態が発生するかわからない。したがって被爆者とは、あたかも悪魔に取りつかれた者ででもあるかのように思われたのである。人々のこのような見方が被爆者や被爆地を疎外させる要因となったことは否めない」（長崎市原爆被爆対策部 1996: 117）。

　こうした差別は多層的なものであり、被差別部落や在日外国人といった既存の差別を際立たせることにもつながった（山代編 1965）。そこには、被害者が置かれた病気や貧窮などの苦境の責任を被害者自身に押し付けるために差別が用いられた一面がある。他方、被害者自身は、その攻撃から身を守るためにも、声をあげることがはばかられた。その結果として、被害者は見過ごされやすくなり、被害はそれほどではなかったという言説が強まってしまう。こうした、あきらめと外部の抑圧との関係は、原発労働者の労災などにも同様の傾向を見ることができる。

　こうした差別を否定するために、地域共通の経験だけを強調し、通り一遍の理解に基づく「共感の共同体」を目指すことは、かえって被害者の多様な

経験を否定し、被害者の声を抑圧することにもつながり得る。直野章子は、同心円的に被害者の苦しみが伝わるかのような「共感の共同体」への批判として、日本人の被爆体験は原爆投下の日から始まるが、韓国朝鮮人などの被爆体験は日米開戦以前の植民地時代などから始まることを指摘する。

　「原爆被害者が『被爆地市民』から『日本人』へと同心円状につながる共同体の成員として『原水爆禁止』を訴える主体となることで、共同体の亀裂を証言する語りは『遭うたものにしかわからん』という言葉のなかに閉じていった。なかでも朝鮮人原爆被害者は『反核・平和』の証言者として主体化されることなく、日本においても韓国においても忘却されてきた。その存在が言説上に姿を現すのは、原爆投下から20年以上経った後であった。『朝鮮人被爆者』が『反核・平和』の主体としてではなく、日本の植民地責任を追及する主体として立ち現れ、被爆の記憶に植民地暴力の痕跡を刻み込むことで、原爆体験に基づく共同性が幻想でしかないことを突き付けたのである」（直野 2015: 128）。

　「被爆地市民」や「被爆国日本」などの言葉に込められた「共感」の内容が曖昧でありながら、その言葉に込められる期待が肥大化するとき、違和感を覚える人も増えてくる。その際、違和感を無視して、一方の側の勝手な共感を押し付けることは、かえって新たな抑圧を生むのだと考えられる。その結果、占領下の被爆地で被害を訴えづらかったのと同様に、複雑な事情や思いを持つ人ほど声をあげにくくなり、被害を訴える声が静まれば、問題の風化や被害の拡大につながる可能性も増すのである。

4. 不安の共通性と理解可能性

(1) 公害と原発被災における被害の共通性

　被害理解のためには似た症例をタイプによって分類することも重要であるが、年齢・性別・居住歴などに基づいて被害者を整理しようとすれば、分断や差別につながる恐れもある。他方、被害の同じ側面だけを強調して「共感の共同体」を目指す姿勢も、やはり被害の多様性を捉えにくくする。この両

者に共通するのは、たとえば原爆被災という特別な経験に着目し、それが空襲など他の経験とどう違うのかを明らかにすることで、その被害の理解につなげようとする視点である。

それに対する別の視点として、被害の共通性への着目があり得る。公害問題では、原因物質や病症が異なっていても、公害・労働災害・職業病・薬害の被害が家族・生計・人格などに及ぼす「被害の社会構造」には共通性があると指摘される (飯島 1993)。その共通性の認識は、ただ苦しむだけの潜在化した被害者に「自分も公害患者だ」と気づかせ、行動するきっかけにもなり得る (土呂久を記録する会編 1993: 21)。

公害におけるのと同じ被害の社会的拡大は、原爆被害についても見られる。日本被団協が1966 (昭和41) 年に発表したパンフレット「原爆被害の特質と被爆者援護法の要求」(通称「つるパンフ」) は、他の戦争被害と異なる原爆被害の特殊性を訴えたものだが、そこには公害被害の社会的拡大の図式とも重なる被害関連図が掲載されている (山手 2007: 10)。その作成にもたずさわった山手茂は後に次のように述べる。

「〔前略〕様々な問題が絡みあっているのが、原爆の被害であり、被爆者の苦悩である。原爆の被害は、原爆投下後40年経た今日まで続いており、日本社会の差別構造や被爆者援護の不備などの社会的・政治的諸要因も加わって、被爆者の苦悩をいっそう深くしている、といえるであろう」(山手 1986)。

こうした被害拡大の延長線上に不安があり、それは、口に出せないまま拡大する。1985年から翌年にかけて日本被団協が全国の原爆生存者 (手帳保有者) を対象に行った調査結果では、「あなたにとって、被爆したために、つらかったことはどんなことですか」という設問について、「自分の健康にいつも不安を抱くようになったこと」を57.3%の人が挙げ (複数回答)、「病気がちになった」「深く心の傷に残った」などを上回って第1位だった。「子供を産むことや生まれた子供の健康・将来のことに不安を抱いてきたこと」も29.1%で第4位に入っている (濱谷 2005: xx)。それについて分析した濱谷正晴は、「〈原爆〉が被爆者の心身にきざみこんだ〈不安〉は、学業、就職や結婚、仕事や家事、家庭生活や子育てといった人間として誰もが直面する人生の節

目節目にとりわけ頭をもたげてくる」と同時に、それが差別と密接にかかわり、それに対する自衛として隠したり、あきらめたりという行動にもつながってきたことを指摘する (濱谷 2005: 162-163)。

こうしたあきらめや被害の潜在化も、公害問題と共通する。そして、イ病などでは、被害の潜在化が被害救済を遅らせただけでなく、対策を遅らせ、被害を拡大した一面もある。こうした潜在化を防ぐためには、不安やあきらめも被害の一面であることを社会全体の認識にしていくことが求められるだろう。

(2) 被ばくへの不安は少数派のものなのか

福島原発事故から数年がたち、住宅支援の打ち切りなどによって原発避難者が消されようとしている状況を「原発棄民」と呼んだ日野行介は、自主避難者の「私たちって本当に少数派なのでしょうか」という疑問で、その著書を結んでいる (日野 2016: 228)。福島市の中でもかなり線量が高い地域から東京に母子避難したその女性は、東京の避難先で「偏った考えの、頭がおかしい人だって思われている」ことを感じて郊外に引っ越した経験がある。その際に自分が少数派だと自覚した。しかし、自分たちが自主避難したのは、たまたま持ち家がなくて少し貯金があったからにすぎず、「今だって避難したい人はいる」。だとしたら自分は本当に少数派なのだろうか、という疑問である。

この疑問が示すように、どういう条件なら大丈夫だと思うか、どれくらい強い不安か、その不安にどのように対応するか、などの違いは大きいとしても、原発事故による放射能への不安は多くの人が感じたはずである。実際に避難するかどうかは、この不安への対処行動としてきわめて大きな違いのように見えるが、そうではないし、避難がすべての不安を解消するわけでもない。勤めのある夫を郡山市に残して関西に母子避難した森松明希子は、当時のことを次のように書く。

「1人で2人の子どもの全責任を背負った気分になり、この家族バラバラの母子避難という形が子どもたちの心にどんな影響を与えるのだろうか、と不

安で不安でたまりませんでした」（森松 2013: 43）。

　実際の対応は、避難するかどうかだけではなく、避難先からの一時帰宅や帰還、県外保養への参加、福島県内での転居、屋外活動や食事による線量管理、等々多岐にわたり、どれが最良の選択なのかはっきりしなければ不安は付きまとう。それは、科学的なリスク評価とは別の問題である。1999年9月に東海村JCO臨界事故の際、現場から400mほどの自宅にいた葛西文子は、翌年1月の胎児検診で染色体異常の可能性を指摘されて堕胎する。それについて葛西は、「リスクという観点から見て、臨界事故の影響の可能性は、ほとんどあり得ないよ」と言いながらも、「しかし、同じ東海村に住んでいても、4ヶ月で過去の出来事にしてしまえる人たち」がうらやましい、と感じた（葛西 2003: 108）。

　これらの言葉に共通するのは、不安を否定する思いを自ら抱えながら、「分からない」ゆえにさらに不安が広がる状況であり、また、家族や子どもなどとの関係の中でそれが自分自身を責めることにつながりかねない危険である。多くの放射能汚染問題に共通する傾向として、時間とともにその不安を薄れさせる人も多い反面で、不安が続く人も一定数存在し[5]、そこに分断の論理が重なってくるため、不安が孤立につながってしまう。

　因果関係がはっきりしないまま「放射能の影響かもしれない」という思いはつきまとい、曖昧だからこそ精神的な負担を大きくすることもある。広島で多くの高齢被ばく者の相談に乗ってきた方は、それを「グレーの状態がずっと続く」と表現する。普段は忘れていても、病気になったり、結婚や出産などのきっかけがあったりすると疑問がわき、それが一生付きまとうかもしれないというのである[6]。

　被ばくの経験に基づく不安か今後の放射線リスクへの不安か、という区別を抜きにすれば、福島原発事故直後に首都圏でも多くの人が放射能を気にしたように、多くの人が何らかの不安ないしリスク意識を持っている。その程度は多様だが、それをどこかで区切ろうとすることが「少数派」として不安を口に出せない状況につながるのだと考えられる。

(3) 多様性への共有可能性を求めて

　上記のように、1945年9月初めに日本を占領したアメリカ軍は原爆による放射線被害を否定したが、ファーレル准将の記者会見と同じ日に長崎に入ったアメリカ人記者ジョージ・ウェラーは、3〜4週間歩きまわった人たちが急に悪化して毎日死亡し続けていることなどを、日本人医師の言葉などとともに伝えている[7]。病院の様子について、彼は1966年に次のように回想している。

　「病院の壊れた廊下には、人の通常の苦しみの雰囲気が漂ってはいたが、悲惨な人の群れは見当たらなかった。だが、病室は患者で一杯で、死に向き合うための私的なスペースなどない。このため、末期を迎えつつある人々は壁にあぐらをかいて寄りかかり、取り囲んだ家族との悲しい小さな話し場所をつくっていた」（Weller 2006 = 2007: 32）。

　この記述に続けて「哀れには思った。だが、良心の呵責は感じなかった」と書くように、彼は原爆被害の悲惨さを伝えるために長崎を訪問したわけではない。だが、この記事は、被ばく者やその家族の苦痛や不安を示すだけでなく、この人たちがその後、発言抑制や差別を受ける中でどのように耐え忍んでいったのかさえ予感させる。そこには、航空写真や図表化されたデータには映らない現実がある。

　環境問題に関して地域が重視される意味の一つがここにあるのではないか。地域の中では被害や不安が共有されるとは限らず、地域の中にいればすべての問題が見えるわけでもない。地域は、かえって否定や差別の場になることもある。だが、同じ地平からの写真が航空写真よりも細部を映し出すように、地域の中では多くの細かい事象に触れやすい。その中でグレーな状態の「分からない」ものに注意する可能性が高まる。

　地域にかかわるもう一つの意味として、共有があり得る。別の地域でも同じ不安や同じ課題を抱えている人がいることを知れば、孤独の不安をやわらげ、自ら立ち上がっていくための力にもなり得る。人形峠ウラン鉱害問題において住民運動の中心にいた榎本益美は、1991年の国際ウランフォーラムでアメリカから来たホピ族の元ウラン鉱山労働者などの話を聴いたことにつ

20

いて、次のように記している。

「アメリカの先住民の人たちも人形峠周辺の私たちもウランを掘り捨てて逃げられた。〔中略〕あの人らもピケやスクラムでなく、知恵を使いながら講演を通して自分たちの立場を人々に伝達していく。言葉は通じないけれど、同じ状況下に置かれて闘っておるということで意を強くしました」（榎本 1995: 25）。

この共感は、上述した「共感の共同体」とは異なり、同じ日本人といった共通性から出発しようとするのではなく、違いの中に同じものを感じるところに力点がある。多様な個人の具体的経験や感覚に耳を傾け、その中で共感可能なものを求める姿勢である。

広島・長崎をはじめとする他の被ばくにも共通するが、福島原発事故の今後も、風化と分断が進むだろう。その中で単純に「同じ日本人」としての共感の強調に無理があるとすれば、被害や不安の種類や程度が異なっていてもコミュニケーションが取れる状況をつくることが大事になってくる。自ら声をあげることで、離れていても同じように闘っていると思える人たちを探しだせるようにするのである。

5. 分断と抑圧を防ぐために

これまでの日本の放射能汚染問題への対応は、公害対策と共通する二方向性をもっていると言える。すなわち、一方では被害者の救済と再発防止対策が進められ、同時に、局所化された問題の外側ではミニマムの被害や分からないリスクを切り捨てる説明も存在した。これは現実の効果をもった反面、原子力施設の安全対策が抜本的なものにならずに、汚染問題をくりかえすことにもつながったと考えられる。

リスク社会の概念を広めたウルリッヒ・ベックは、その『危険社会』の冒頭で、チェルノブイリ事故に象徴される原子力汚染は「他者」の終焉を示すものだと述べた。原子力時代の危険は全面的かつ致命的なものだからである（Beck 1986＝1998: 1-2）。チェルノブイリの影響は国境も鉄のカーテンも超え

て地球上の広大な地域におよび、福島原発事故では日本全体が存亡の不安を経験した。他方でベックは、現実の社会には被害（被害地、被害者）を「他者」に見せようとする動きも存在することを指摘している。原爆における放射能被害の否定が、「犠牲者」と「生存者」を分けたのもその一例だろう。核実験をはじめとする原子力施設も多くの人から隔絶された場所を選んで設置された。また、チェルノブイリでも福島でも、原子炉の型や立地地点の違いによって、別の原発は安全だと説明されることが多かった。

　安全技術は、過去の事故から学んで今までとは異なる対策を立てることによって進展するのだから、この論理を単純に否定することはできない。また、科学的知見によって定量化されたリスク評価の意味もある。ただ、原子力・放射線に関しては「分からない」ことも多く、それが政治・経済的な見方とかかわる議論につながることもあるため、一面的な説明ですべてを納得させることが難しい。東日本大震災と原発事故に関して中村征樹が指摘するように、「問われているのは、一面では科学技術の問題であるという側面をもちながらも、しかし科学技術の問題には回収できない」部分があるということなのである（中村編 2013: v）。

　同書でも指摘されるように、専門家以外の人びとがこの問題について関心をもって言動を起こす際に、科学的な学習から始めようとすると、放射能を「正しく恐れる」という呼びかけのように「抑圧される不安」が生じる（中村編 2013: 69）。不安が抑圧される中で、一部の被害者にとっては被差別や潜在化が引き起こされる。「分からない」不安を感じる人にとっては、過度の安全の強調は暴力的にさえ感じられる。福島原発事故後の状況についても「科学論争によって被災者が素直に自分の内面を人前で打ち明けることができなくなってしまった」と言われる（伊藤 2017: 30）。

　こうした状況は、放射能汚染をめぐる地域のあり方の独特さを示唆する。同じ地域ではみんなが同程度の被ばくをしているはずだが、それを否定し、被ばくの外に自分を置きたいと考える人もいる。広島や長崎で原爆の後発的影響が明らかになるにつれて、その不安が被ばく者への差別や排除につながったように、不安を拒否したい気持ちは、不安を口にする人を他者として

見るようになる。おそらく、それは個人の内面でも生じており、同じ人物の中にも不安を感じる心と、その外にいる自分とがつくられる可能性がある。

そうした分断と抑圧が続くのを防ぐためには、そこに共通する部分、「分からない」リスクや不安の存在を認識する必要があるのではないか。科学にとって分かることは大事だが、現実には分からないことも存在しており、分からないことを存在しないことと等置しないよう（影浦 2013）、分からないことを大事にするという共通理解である。まったく安全な外部から見れば、あるとしてもわずかなリスクに不安を抱くことは理解できないかもしれない。だが、その壁を乗り越えて同じ地平にたつ姿勢があれば、被害や不安を感じる人は発言しやすくなる。それらが増えていけば、被害や不安を感じる人たちが何を考え、どう行動したかについて、共通する部分も見えてくる。そこから「分からない」ものへの対応を広く話し合えるようになれば、科学的なリスク評価とは別の社会全体の経験として、福島原発事故を含めたこれまでの放射能汚染事故を教訓にできるのではないだろうか。

（付記） 本章の記述は、藤川（2016，2017）と一部が重複している。新聞記事を含めて、一部の引用において漢字・かなを新字に改め、数字を算用数字に変更した。

注

1 関川水俣病については、関（1995）、渡辺（1995）などを参照。イ病のまきかえしについては、飯島ほか（2007）、藤川ほか（2017）でも記した。まきかえしの背景を知るためにも、イ病全体の紹介として松波（2015）が詳しい。また、土壌復元対策については、福島原発事故との関連を含めて畑ほか（2014）を参照されたい。

2 2017年4月から地元の本校舎での授業を再開した福島県楢葉町と南相馬市小高区の小中学校の児童生徒はあわせて234人、避難先の仮校舎だった2016年度の309人から24.3％減少した。2018年4月から地元に戻る予定が示された飯舘村の小学校では、2016年度の108人から2017年度の51人へと半減している（『河北新報』2017年4月6日付）。2012年から帰村が始まり、人口に占める村内生活者の割合がすでに80％を超えた川内村でも、10代以下では約半数にとどまっている。教育環境、進学、親の職場など、転校には多くの要因があるが、子どもは避難指示を受けた地域に帰りたくないという考え方には根強いものがある。

3 マーシャル諸島では、1946年から1958年までの間に計67回の核実験が行われた。第五福竜丸が被ばくしたのは、その中でも最大級だった1954年3月1日のブラボー実験で、この時には他の漁船やマーシャル諸島の広範囲が放射性降下物など

で被ばくし、その影響は今も残る (Barker 2013; 竹峰 2015 など)。

4 マーシャル諸島共和国では毎年3月1日を「核被災者追悼記念日」の休日とし、政府式典を行っている。2017年の式典に合わせて行われた政府主催の国際シンポジウムのテーマは「核の遺物から核の正義へ」であった。核の正義 (nuclear justice) とは、核兵器や放射性廃棄物など原子力をめぐる差別をなくし、被害者への正当な補償救済を求めるものだと考えられる。

5 福島県中通りの子どもとその保護者を対象とする調査を継続させてきた成元哲たちは、「地元産の食材をあまり使わない」などの日常生活の変化が2年たつとかなりの割合で元に戻るのに対して、「放射能の健康影響についての不安が大きい」という回答は事故直後の95.2%から2年後の79.5%と高いままであるという調査結果を示す (成編著 2015: 42-43)。長期的に問題の風化が続くと、不安を表に出すことさえあきらめざるを得ない人と、放置されたことで不安が増す人に分かれていくと考えられる (成編著 2015: 249-255 参照)。

6 2017年1月20日、広島市でのヒアリングノートから。

7 ウェラーはGHQが許可を得る前に長崎に入り、『シカゴ・デイリー・ニュース』に送られた記事は、差し止められて掲載されなかった。著者が残していた写しが2003年に見つかった (Weller 2006 = 2007)。

文献

飯島伸子, 1985, 「被害の社会構造」宇井純編『技術と産業公害』東京大学出版会, pp. 147-171.

飯島伸子, 1993 [1984], 『改訂版環境問題と被害者運動』学文社.

飯島伸子・渡辺伸一・藤川賢, 2007, 『公害被害放置の社会学——イタイイタイ病・カドミウム問題の歴史と現在』東信堂.

伊藤浩志, 2017, 『復興ストレス——失われゆく被災の言葉』彩流社.

榎本益美, 1995, 『人形峠ウラン公害ドキュメント』北斗出版.

影浦峡, 2013, 『信頼の条件——原発事故をめぐることば』岩波書店.

葛西文子, 2003, 『あの日に戻れたら』那珂書房.

神里達博, 2017, 「地球温暖化問題　検証の壁挑み続ける科学者」『朝日新聞』2017年8月18日付朝刊.

原水爆禁止日本協議会専門委員会, 1961, 『原水爆被害白書』日本評論新社.

関礼子, 1995, 「関川水俣病問題Ⅰ——新潟県におけるもうひとつの「水俣病」『環境社会学研究』第1号, pp.161-169.

成元哲編著, 2015, 『終わらない被災の時間——原発事故が福島県中通りの親子に与える影響』石風社.

高橋博子, 2012 [2008], 『増補新訂版　封印されたヒロシマ・ナガサキ』凱風社

竹峰誠一郎, 2015, 『マーシャル諸島——終わりなき核被害を生きる』新泉社.

中国新聞社史編纂委員会, 1972, 『中国新聞八十年史』中国新聞社.

土井淑平, 2013, 『フクシマ・沖縄・四日市』編集工房朔.

土井淑平・小出裕章, 2001, 『人形峠ウラン鉱害裁判』批評社.

土呂久を記録する会編，1993，『記録・土呂久』本多企画．

直野章子，2015，『原爆体験と戦後日本——記憶の形成と継承』岩波書店．

長崎市原爆被爆対策部，1996，『長崎原爆被爆50年史』長崎市原爆被爆対策部．

中西準子，2012，『リスクと向きあう——福島原発事故以後』中央公論新社．

中村征樹編，2013，『ポスト3・11の科学と政治』ナカニシヤ出版．

日本放射線影響学会，2015，『本当のところ教えて！　放射線のリスク——放射線影響研究者からのメッセージ』医療科学社．

畑明郎編著，2016，『公害・環境問題と東電福島原発事故』本の泉社．

畑明郎・向井嘉之，2014，『イタイイタイ病とフクシマ』梧桐書院．

濱谷正晴，2005，『原爆体験』岩波書店．

日野行介，2016，『原発棄民』毎日新聞出版．

平岡義和，2013，「組織的無責任としての原発事故——水俣病事件との対比を通じて」『環境社会学研究』第19号，pp.4-19.

藤川賢，2016，「くり返される地域放射能汚染とその教訓——戦後日本の経験から」『環境と公害』第46巻第2号，pp.22-28.

藤川賢，2017，「福島原発事故にかかわる不安の継続——放射能汚染問題の歴史との関連性」『明治学院大学社会学部付属研究所年報』第47号，pp.215-227.

藤川賢・渡辺伸一・堀畑まなみ，2017，『公害・環境問題の放置構造と解決過程』東信堂．

松波淳一，2015 [2010]，『改訂版　定本カドミウム被害百年』桂書房．

森松明希子，2013，『母子避難，心の軌跡——家族で訴訟を決意するまで』かもがわ出版．

山代巴編，1965，『この世界の片隅で』岩波書店．

山手茂，1986，「原爆被害者問題」磯村英一・一番ケ瀬康子・原田伴彦編著『講座　差別と人権5　心身障害者』雄山閣，pp.246-264.

山手茂，2007，「福祉社会研究の3レベル」『福祉社会学研究』第4号，pp.5-18.

除本理史，2016，『公害から福島を考える』岩波書店．

渡辺伸一，1995，「関川水俣病問題Ⅱ——被害状況と問題隠蔽の構造」『環境社会学研究』第1号，pp.170-177.

Barker, Holly M., 2013 [2004], *Bravo for the Marshallese: Regaining Control in a Post-Nuclear, Post-Colonial World* (Second Edition), Wadsworth.

Beck, Ulrich, 1986, *Risikogesellschaft: Auf dem Weg in eine andere Moderne.* ＝1998，東廉・伊藤美登里訳『危険社会——新しい近代への道』法政大学出版局．

DeLoughrey, Elizabeth M., 2012, "The Myth of Isolates: Ecosystem Ecologies in the Nuclear Pacific", *Cultural Geographies* 20 (2), pp.167-184.

George, Timothy, 2001, *Minamata*, Harvard University Asia Center.

Weller, George, 2006, *First into Nagasaki: The Censored Eyewitness Dispatches on Post-Atomic Japan and Its Prisoners of War.* ＝2007，小西紀嗣訳『ナガサキ昭和20年夏——GHQが封印した幻の潜入ルポ』毎日新聞社．

第1章　「唯一の被爆国」で続く被害の分断
───戦争・原爆から原発へ───

尾崎寛直

　「わが国は唯一の被爆国である」。為政者が繰り返すこの言葉の裏側で、世界のどの国よりも原子爆弾（原爆）の惨禍を深く知るはずのこの国は、同時に「原発大国」でもあった。福島第一原発事故（2011年）まで、国策の下、狭い列島内に54基もの原子力発電所（原発）と高速増殖炉等を有するこの国の有様は「原子力の時代」を表象する威容を誇っていた[1]。この奇異な共存というべき状況は、スリーマイル島原発事故（1979年）でも、チェルノブイリ原発事故（1986年）、さらには国内で発生したJCO臨界事故（1999年）等を受けても揺るがず、ついに福島第一原発事故を迎えることとなった。

　原爆と原発はともに「核」エネルギーの原理を利用した本質的同一性があるものの、かたや悲惨な被害をふまえ「ノーモア・ヒロシマ・ナガサキ」が唱和されながら、「核」を用いた結果としての被害の共通性の側面は、3・11の福島第一原発事故後に放射線被曝にともなう健康被害・不安を多数の人々にもたらすまでは長く意識されてこなかった。両者を切り離す巧妙なロジックが奏功した結果ともいえる。それはひとつには、人を殺傷する爆弾の製造とは異なるという意味で「核の平和利用」と言われるレトリックの作用であり、他面では、徹底した被害者の分断（その意味での被害の矮小化）による原爆被害の封じ込めによって放射能汚染被害の実像を抑え込んできたことによる。原発推進の支障となりうる負のイメージの部分は徹底して周縁化され、両者の共存関係が維持されてきたのである。こうして「唯一の被爆国」として原爆被害を象徴的に悼みながら、他方で原発推進を図るという両者の切り離しも容易になった。

　だが福島第一原発事故による放射能汚染を経験した今日、両者の問題はふ

たたびつながってくる。しかも原爆被害に持ち込まれたさまざまな分断や線引きなどの問題構造が福島第一原発事故後の政策へとオーバーラップする情況が生じており、あらためて両者をつなげて考えざるをえない事態となっている。

そこで本章では、まず原爆被害が戦争被害全体[2]のなかから切り出されて補償・救済の対象になっていくという戦後の分断の経緯について考える。そこでは敗戦後も放置されていた一般市民の戦争被害の全体から原爆放射線の傷害作用にともなう被害という一角のみが切り出されていくプロセスが見えてくる。

被害の全体像の中から一角を切り出し、分断的に補償・救済しようとする手法は、他の公害でも繰り返されたある意味でこの国の常套手段である。原爆と原発、原爆被害と戦争被害、それぞれの間を隔てる垣根をつくることによって、為政者の側にとっては分断的な統治が可能になる。その結果、補償の格差が生み出されるだけでなく、被害の全体像も見えにくくなる（全体像のまともな調査すらされなくなる）。だが、結局のところ問題は解決せず、補償・救済から取り残された人々との係争が延々と続く――これまでの政策はその繰り返しではなかったか。このような悪循環を断ち切らなければ、福島第一原発事故後の被害についても同じ道をたどることになりかねない。

それゆえ本章では、原爆と原発、原爆被害と戦争被害における分断、そして被害者の援護策に至る経緯から、今後の教訓を引き出していく。

1. 一般市民の戦争被害の分断

(1) 戦争被害と補償

太平洋戦争末期1945年早々には、米軍は日本本土を爆撃機B29（のちには戦闘機も参加）によって直接爆撃できる体制を整え、8月に至るまで日本本土の一般市民をも標的にした無差別空襲を容赦なく行ってきた。その本土空襲の規模は、NHKの調べによれば少なくとも全国66都市、犠牲者の数は45万9564人に上るとされる[3]。ここには1945年3月10日の下町方面への東京

大空襲で一度に約10万人が犠牲となった事例も含まれている。当時、国は防空法（1937年制定）により国民に空襲時も避難することを禁じ（学童疎開を除く）、消火作業に従事することを義務づけていたため、多くの無辜の市民が巻き添えで死傷させられたのである。

　このように本土空襲による戦争被害だけをとらえても犠牲者は甚大な数に上るにもかかわらず、そのことが一括りで語られることなく分断的に扱われ、未解決の補償問題として放置されている（グローバルヒバクシャ研究会編 2006）。すなわち、現在に至っても一般市民の戦争被害について国は「戦争被害受忍論」——国民全体が戦禍を受けたのであるから戦争被害は国民が等しく耐え忍ぶべきであるとする論理——を盾に補償を拒否し続けている。1973年以降、当時の社会党はじめ野党が「戦時災害援護法案」を何度も国会に提出しても、成立が阻まれてきた。本土空襲の被害者らが各地で起こした裁判でも司法は国家賠償を棄却した。そこには一般市民の戦争被害に手を付け始めればとめどなく膨大な予算が必要になるとの懸念があったのだろう[4]。だが、本土空襲とは異なるものの、2010年5月には民主党政権の下で議員立法による「シベリア特措法」が成立し、抑留経験者に特別給付金（1人25～150万円）を支給する法律が制定され、戦争被害受忍論に風穴を開ける動きもあったが、現状では一部の自治体の施策（名古屋市など）を除き、一般市民の戦争被害の補償にはほぼ全く手が付けられていない[5]。

　ちなみに、同じ第二次世界大戦の敗戦国ドイツでは、ナチスの犯罪（国家による不法行為）に対する賠償を定めた連邦賠償法（1956年）体系と別に、戦争被害者に対する連邦援護法（1950年）によって、軍人・軍属に限らず、空襲や避難中など一般市民が戦争に巻き込まれた損傷についても区別なく補償対象とする制度があるため、一般市民の戦争被害においても分断を意識することはない（芝野 1994）。国籍条項も設けず当時の一般市民の中での分断もない[6]。戦争犠牲者全体の中で一般市民の犠牲者を除外しているのは先進国では日本以外には見られず、今日に至ってもなお問題を引きずる要因となっている（グローバルヒバクシャ研究会編 2006: 44）。

(2) 優先された軍人・軍属への国家補償との格差

上述の通り日本では、一般の戦争被害者への戦後補償は明確に線引きされ、きわめて限定的な施策にとどまっていたにもかかわらず(池谷 2003)、戦時中、国家に身体、生命を捧げて尽くした「特別の関係」(雇用関係等)にあったとされる軍人・軍属[7]で戦争被害を負った人に対しては、後述のように国家補償の精神に基づき現在もなお手厚い補償(軍人恩給)を行ってきている。その違いは何なのか。

サンフランシスコ平和条約締結(1951年)によって日本の独立が承認されることになったが、その際日本政府は同条約第19条において一切の賠償権の放棄を受諾した。つまり、連合国への請求はもとより、一般市民への無差別空襲や原爆投下の直接の加害者であるアメリカ政府へ賠償を求める方途は閉ざされたのである。それゆえ戦後補償は日本国政府が自ら担うほかなくなったのであるが、上述のドイツと異なり、自国民への国家補償は考慮されず、独立承認とともに日本政府がいち早く着手したのは「国のために殉じた」軍人・軍属らへの補償であった[8]。

独立が果たされて間もない1952年4月には、「国家補償の精神」に基づいて、軍人・軍属・準軍属に対し、障害を負った本人には障害年金を、死亡者の遺族には遺族年金・遺族給付金、弔慰金、特別給付金を支給する「戦傷病者戦没者遺族等援護法」が制定された[9]。1953年8月には、GHQ(連合国軍総司令部)によって停止されたはずの戦前来の「恩給法」が復活し[10]、国と「特別の関係」にあった者・遺族への援護がいち早く開始されることとなった[11]。ここから、政府の主張する一般市民に対する戦争被害受忍論とのダブルスタンダードが始まっている。

軍人関係には現在までに60兆円近くに上る手厚い国家補償がなされてきた一方、それ以外の一般の戦争被害者は国家補償の論理の蚊帳の外に置かれ、生命・身体・生活基盤を破壊された一般市民は文字通り自助による生活再建を余儀なくされた。その一部は(当時内容も貧弱だった)生活保護法による社会保障的な救済に頼るほかなかった。軍人関係と一般市民との間には、大きな矛盾と格差が横たわっている。

2. 「特別の犠牲」論と「被爆者」の誕生

(1) 原爆被害の位置づけと被害者の放置

　以上のような経緯で、軍人関係との格差という大きな矛盾を抱えつつも、戦争被害受忍論は、一般市民の戦争被害の補償を国が拒否するための政治的な方便として踏襲されてきた。そして、その拒否される対象の中には当初、凄惨な被害をもたらした原爆の被害者補償も含まれていた。1945年8月6日の広島、8月9日の長崎に落とされたたった2発の原爆で、熱線や爆風、初期放射線などにより広島で約14万人、長崎で約7万人が1945年末までに死亡したとされる[12]。つまり当時は、原爆による攻撃も一般市民への空襲の一環としてとらえられていたわけであり、新型爆弾であったにせよ航空機からの爆撃を受けたことに変わりなく、原爆に被爆した体験が空襲体験と受け止められていたのも不思議なことではない。しかし、「被爆」が「原水爆による放射線を浴びる」ことを指す言葉として使用されるようになる段階、すなわち昭和30年前後の時期に、原爆被害という語の意味作用に変化が生じたと言われる（直野 2015: 37-40）。いずれにしても当初は原爆の被害者も特別な位置づけをされていたわけではない。

　さりとて原爆被害に関しては、進駐してきた米軍にとっては自らの放った原爆の威力や効果、放射線の健康影響を測る重要な調査対象であり特別扱いする必要があった。進駐するや否やGHQは、1945年9月にはプレス・コード（検閲）を発し、原爆被害の報道はもとより被害を訴える行動自体を禁止しながら、他方で日米合同調査団[13]を組織し、現地調査を開始した。1947年3月には広島に日米合同の研究組織「広島原爆傷害調査委員会（Atomic Bomb Casualty Commission: ABCC）」を立ち上げ（翌48年7月には長崎にABCC設立）、原爆被害を受けた住民を半ば強制的に呼び寄せて検査し、核戦争の準備に利用するため、原爆放射線の医学的・生物学的影響に関する研究データを集める作業を重ねたのである（高橋 2011；中川 2011）。一方的に検査はされるけれども治療は受けられないということで、ABCCは原爆被害者らの反感を買うことになったが、他方で被害者のなかには公的な援護から放置されたまま困

窮をきわめる者が続出したとされる (伊東 1975)。

むしろこの時期、米軍の公式見解でもあった「原爆が広島に平和をもたらした」とする「原爆平和招来説」が被爆地でも流布され、広島には「平和記念都市」として象徴的に復興するための特別な国家予算 (広島平和記念都市建設法) が投入されるなど、困窮した原爆被害者の生活支援を脇に追いやり、爪痕を見えなくしてしまうような政策が続いていくのである[14]。

(2) 戦争被害一般からの原爆被害の切り出し

日本の独立後は、軍人・軍属らと同様に原爆被害者への援護を求める声が被爆地からも上がり始めた。1953年には広島市そして長崎市に、相次いで被爆者医療に尽力する医師らを中心に「原爆障害者治療対策協議会」が発足し、原爆後障害の研究や治療対策の促進を図る活動が始まった。そうした活動を基礎として広島・長崎両市が連携し、両市長および両市議会議長名で、原爆で深刻な障害を負った者たちへの治療費国庫負担を求める請願・陳情がたびたび行われるようになった。その結果、1954年度からは研究治療費や精密検査費等が交付されることとなり、原爆後障害の調査研究を目的に、少人数ながらも公費治療が初めて実現した (広島原爆医療史編集委員会編 1961)。

そのような最中、1954年3月にマーシャル諸島ビキニ環礁でマグロ延縄漁船・第五福竜丸がアメリカの水爆実験による「死の灰」を浴びるという事件が発生し、放射能に汚染されたマグロが水揚げされて一般市民の食の安全性が脅かされる事態となり、初めて国民的規模で放射能の危険性が認識される状況が生まれた。それを機に原水爆禁止を求める気運が爆発的に高まったのである。広島、長崎に続く3度目の原爆被害に対して、3000万筆余の核兵器反対の署名が集まるほどの空前絶後の国民的な運動の広がりにつながり、その盛り上がりのなかで、1955年6月には第1回原水爆禁止世界大会が広島で開かれた。こうした後押しがあってようやく広島・長崎の原爆被害者も声を上げられるようになり、各地で被害者の会の結成が進んでいった。1956年の長崎での第2回世界大会の翌日、各地の被害者の会が集まって「日本原水爆被害者団体協議会」(日本被団協)が結成された。

日本被団協の結成大会では、大会決議として、原水爆と実験を禁止する国際協定を求めることのほか、原水爆被害者援護法、原水爆被害者健康管理制度の確立などの法制定の要求が掲げられた。ここで「援護法」という法律名を当てているのは「せめて軍人・軍属並みに扱ってくれること」という本音の実現を願ってのものだったとされる (伊東 1975)。

そして、竹峰誠一郎や直野章子が述べるように、原爆直後にはほとんど使われていなかった「被爆者」という呼称が、この頃から、原爆被害を負った人々、とりわけ放射線によって健康障害を受けた人々に固有の意味内容を示す用語として定着してくる (竹峰 2008；直野 2015)。原爆被害者と言えば、原爆に家族が罹災した人や原爆で家族を失った遺族などをも包含するのが自然な理解だが、この頃から、原爆の傷害作用を受けた本人を意味する「被爆者」という言葉が、原爆被害者を代表するものとして登場してくる (ただし後述のように、それまで「被爆者」の枠に入っていなかった、救援救護のために原爆直後に現地入りして残留放射線等に被曝した人々や原爆炸裂当時胎児だった人などが、あらたに加わっていく)。その意味では、「被爆者」とは必ずしも原爆被害者すべてを含むわけではないが、次に述べるように、「被爆者」という法的地位が成立することで、原爆被害者と空襲被害者は分断されることになっていったのである (直野 2015: 19)。

被爆者の法的地位は、1957年3月、医療費と健康診断の給付を主とする「原爆医療法」の成立[15]とともに確立していくことになった。これ以降、明確に戦争被害一般から原爆被害だけが括りだされることになったのである。

(3) 戦争被害受忍論の例外としての「特別の犠牲」論

そうした国の論理を明確に示したのが、厚生大臣の私的諮問機関「原爆被爆者対策基本問題懇談会」(以下、基本懇)が1980年12月に出した答申 (「原爆被爆者対策の基本理念及び基本的在り方について」)である。

基本懇が発足した背景には、日本被団協をはじめとした被爆者援護法制定を求める運動や、在外被爆者・孫振斗の最高裁での勝訴 (1978年3月30日)がある[16]。基本懇は、それらを受けて1979年1月の社会保障制度審議会答申

に基づき設置されたものであるが、その答申はそれまでの国の被爆者援護施策を理論的に位置づけ、今後いかなる対応が必要かという方向性を示したもので、いまなお国の考え方の下敷きになっている。

基本懇答申の基調は、孫振斗最高裁判決を引用しつつも、戦争被害に対する「戦争遂行主体」としての国の責任を認めることを周到に避けたものといえる。繰り返し強調されるのは、前述のように、戦争被害自体は「一般の犠牲」として「すべての国民がひとしく受忍しなければならない」ものとする戦争被害受忍論である。あくまで原爆被害を含む戦争被害に対する国の賠償責任は否定する一方で、原爆被害については特別の論理で一定の援護施策を行うも、他の戦争被害一般にまで補償を求める声が高まることは抑止したい、ということである。

それゆえ軍人関係と異なり、遺族補償を周到に避けるため、原爆による死没者への国家補償という考えを基本懇答申はとっていない[17]。あくまで原爆被害は「他の戦争損害と一線を画すべき特殊性を有する」（傍点部筆者）ものだとして、放射線の傷害作用を受けた生存被爆者に限定する論理を展開している。つまり戦争被害との違いは、被爆後10年以上経過してからも発生しうる晩発性障害に示されるような、放射線の健康影響の「際立った特殊性」によって苦しみが継続していることだという[18]。こうした論理によって、原爆に遭った後も生き残り、原爆放射線の傷害作用により健康障害を負った存命者だけが援護の対象になるという枠組みが生まれた。このように被爆者という法的地位は、一般市民の戦争被害そして原爆被害者全体のなかから切り出されて誕生したものであり、また、毎年の「原爆の日」（8月6日・9日）の平和式典に見られるように、平和を希求する諸国民の悼みの象徴としても戦争被害受忍論の例外という特別な位置づけをされるようになった。

3. 被爆者・被爆地域をめぐる分断

(1) 被爆者間の分断

原爆投下から12年、原爆医療法以降遅ればせながら被爆者援護制度が開

始されたが、制度創設はそれまで原爆被害者として認知されてこなかった人たちに光を当てる側面がある一方、あらたな類型化による分断を発生させることにもなった。

現在の被爆者援護法(1994年制定)では、被爆者を次のように規定している。

① 直接被爆者(1号被爆者)：被爆時に旧広島市、長崎市の一定地域にいた者(ほぼ爆心から4〜5 km。ただし長崎市は市域に合わせて南北はそれより広い範囲も含む)。

② 入市被爆者(2号被爆者)：原爆投下後2週間以内に爆心から2 kmの範囲内に入った者。

③ 3号被爆者：上記以外で原子爆弾の放射線の影響を受けるような事情の下にあった者(救護被爆者や遠距離で放射性降下物に曝露された者など)。

④ 胎児被爆者(4号被爆者)：上記①〜③の被爆者の胎内にあった者。

②の入市被爆者とは、原爆投下直後は爆心地周辺にはいなかったが、その後親類や知り合い等の救援・捜索などで残留放射線・誘導放射線が残る市内に入って被爆したとされる人々をさし、③のうち救護被爆者とは、救護所などにおいて市内で被爆した人たちのケアに従事する過程で放射性物質を吸い込んだりして被爆した人々をさす。救護被爆者の場合、救護した被爆者の数を10名程度と国は規定していたが、その後の裁判を経て5名程度にまで条件が緩和されている。

なお、入市被爆者においては入市の日付・時間などの条件で争いがあり、3号被爆者においては、比較的遠距離で被爆した人々が該当するか否かという問題がいまなお係争中である。3号被爆者をめぐる争いが生じる要因は、かつて1号被爆者の区域設定の際に市町村境界を区割りに利用した問題が引きずっている側面がある。加えて、原爆炸裂にともなって周囲にまき散らされた放射性物質が風や雲、雨によって比較的遠方にまで運ばれ空気中に浮遊したり、「黒い雨」により降り注いだ放射性降下物が人体に取り込まれたことなどによる残留放射線の影響が軽視されているのも大きな要因である。

(2) 被爆地域指定をめぐる不均衡による格差

上で述べたように、国が当初（1957年）1号被爆者の範囲を設定する際、とくに長崎では当時の市域を下敷きにした「割り切り」で区域設定を行った結果、爆心地からの距離が東西に比して南北にいびつに延伸している。そのため、南部は最大で爆心から12 km超まで被爆者健康手帳が受けられる被爆地域（被爆指定地域）の範囲が広がっており、12 km圏内の長崎市周辺自治体および住民からは同様に被爆地域に組み入れるよう要求する運動が続いていた。

そうした声を受けて、長崎県・市および広島県・市などでは独自の調査も行いながら、被爆地域設定により生じる不均衡による格差を是正するため、被爆未指定地域の指定を国に要望を続けてきた。その結果、国は1974年と1976年の2回にわたって、長崎、広島両市の被爆指定地域の外側にあたる一定の周辺区域を「健康診断特例区域」（第一種）と指定した（政令による。**図1-1、図1-2**）。そこに当時居住し、被爆の有無が確認できた人々には「健康診断受診者証」を交付して毎年の健康診断の機会を設けるものである。その後、もし健康診断受診者が被爆者援護法に定める指定疾病（11種）に罹った場合には、あらためて3号被爆者として被爆者健康手帳が交付されるというしくみがつくられた[19]。

とはいえ、とくに被爆指定地域の範囲にいびつさが残った長崎県では、爆心地から12 km圏内の長崎市周辺自治体のうち8〜12 kmのかなりの地域は指定から取り残されていた。これらの被爆未指定地域は爆心から遠距離であるため原爆の影響を受けなかったかというと必ずしもそうは言えない。

事実、長崎県・市合同による残留放射能プルトニウム調査（1990年）において指定地域以外にも放射性物質が拡散していた事実が報告されたほか[20]、原爆投下直後（1945年9月20日〜）に長崎・広島の調査を行ったアメリカの調査団のひとつ、陸軍のマンハッタン管区調査団の最終報告書（1986年まで軍事機密として非公開）データの解析によっても、放射線量は指定地域の内側と外側で差異が見られないことが確認されている[21]。放射性物質はとくに夏場の南西の風に乗り、実際にはかなり東方（30〜40 km離れた島原半島）にまで到達した可能性が指摘されている。

また、住民の証言によっても放射能の影響がうかがわれる調査結果が出ている。長崎市および関係6町合同による1999年度に行われた「原子爆弾被爆未指定地域証言調査」は、未指定である遠距離の住民らも実際には被爆を体験して、いまなお被爆による健康への不安を抱えており、被爆との因果関係が疑われる疾病に罹患している人々も一定数存在する事実を明らかにした（長崎市原爆被爆対策部調査課 2000）。

　これらのエビデンスをもとに長崎県・市および周辺自治体は国に被爆地域

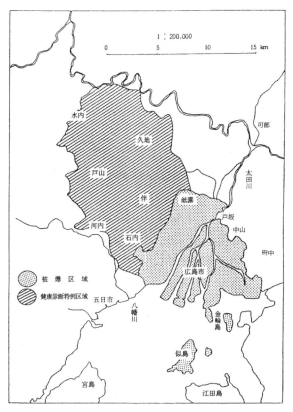

図1-1　広島における被爆地域

注：図中の「健康診断特例区域」は第一種である。ただし、現在の同区域以外にも「黒い雨」の降雨地域の広がりがあることから、広島市は広島県及び周辺の2市5町とともに、国に対し「黒い雨」降雨地域全域を第一種健康診断特例区域に指定するよう要望している。
出所：広島市健康福祉局原爆被害対策部（2016: 55）。

拡大の要望活動を展開したのであるが、国は2000年10月、同証言調査に基づく検討会を設け、研究班による現地調査を行うなどした結果、次のような結論が示された。

　「被爆体験住民には、原爆放射線による直接的な影響はないが、被爆体験に起因する精神的・身体的健康影響は認められる」（『原子爆弾被爆未指定地域証言調査報告書に関する検討会最終報告書』2001年8月、傍点部筆者）。

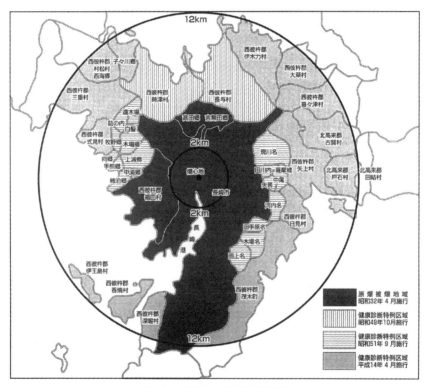

図1-2　長崎における被爆地域

注：被爆者健康手帳の給付対象となる被爆指定地域（図中の「原爆被爆地域」）が大きく南にはみ出しているのは、1957（昭和32）年当時の長崎市の市域を前提に指定が行われた経緯による。2002（平成14）年に指定された周縁部の健康診断特例区域が第二種にあたる。
出所：長崎市市民局原爆被爆対策部（2017: 11）。

この報告を受けて厚生労働省は、2002年度より長崎県の12 km圏内の被爆未指定地域を被爆者援護法の「健康診断特例区域」（第二種）として指定し、居住が確認された住民に対して簡易な健康診断（がん検査や精密検査を除く一般検査）を実施するという方針を示した。被爆地域拡大が実現したように見えるが、じつはこの第二種の特例地域では、もし対象者が指定疾病に罹っても被爆者として認定される道は担保されていない。

(3) 不可解な類型区分――「被爆体験者」

　上記報告書の論理は、被爆したとする住民の健康悪化の要因は放射能の影響ではなく、「被爆体験の記憶」がストレスとなって精神面の悪化（不眠症、睡眠障害、気分障害、神経症など）を招いているのであり、結果的に身体的不調がもたらされているということになっている。したがって、第二種の特例区域で医療給付を受けるには、精神科医の診断に基づいて「被爆体験者精神医療受給者証」が交付されることが条件となる。交付された場合、精神科への受診（最低でも3ヶ月に1回。のちに年1回以上に要件緩和）を前提として、関連する合併症（身体症状）について医療費助成を受けることができる[22]。

　ここに至って被爆者とは明確に区別された「被爆体験者」[23]というあらたな類型区分による分断が生じてしまった。たしかに「被爆体験の記憶」がPTSD（心的外傷後ストレス障害）のように心身の不調を招くことはありえるとしても、なぜ戦後60年近く経った段階でこの区域の人たちの病気の原因が精神的ストレスにあると決めつけられるのか、理解しがたいものがある。「被爆体験者」のなかには精神科受診を義務づけられ、「精神病扱いされた。これは嫌がらせだ」と苦情を述べる人が出るのも当然だろう[24]。

　このことの矛盾を反証するエビデンスも出されている。2011〜2013年に長崎被爆地域拡大協議会と長崎民医連によって取り組まれた「被爆地域拡大証言調査」もそのひとつである（長崎民医連被爆地域拡大証言調査プロジェクト2015）。同調査は、被爆未指定地域で被爆した住民193人の被爆時の状況やその後の健康状態を聞き取るだけでなく、爆心から12 km以遠にいて被爆経験のない152人（コントロール）の健康状態との比較によって、被爆による健

38

康影響の有無を析出するという検証作業を行っている。その対比を見ると、被爆経験がある人は、ほぼ共通して原爆放射線の影響が示唆される急性症状を当時経験し、総じて疾病数も多く、健康状態に明確な差が出ている。「被爆体験者」の健康障害が精神的ストレスにより惹起されたという論理は、事実に照らしあわせて見ても早計だと言わざるをえない[25]。

(4) 根幹に据えられた基本懇答申

このように被爆者という枠組みを設定した援護制度の創設は、同時に線引きによる分断と、さまざまな排除を生んできた。そもそも原爆医療法施行以前に被爆で死没した人々は援護制度の枠外であり、他の公害や薬害の補償制度にあるような遺族に対する補償もない[26]。なるほど被爆者に遺族補償を認めてしまえば、一般の空襲被害等の犠牲者の補償へと拡大していきかねないため、それを避ける意図があったのだろう。また、前述のように、旧行政区域をもとに指定した被爆地域に固執するあまり、被爆体験者という不可解な類型区分を創設するなどの矛盾を抱え込んでしまった。これは元々の原爆医療法に始まる援護制度が、放射線に起因する健康被害を中心に組み立てられたものであるため、被爆者の類型区分をいくつつくっても、それに該当しない人々は放置されたままという構造が温存されるのである（直野 2011）。

こうした国の姿勢の根っこにあるのは、やはり前述の基本懇答申の論理である。つまり、被爆者対策が行き過ぎると、一般の戦争被害者との「著しい不均衡が生ずる」ため、「国民的合意を得ることのできる公正妥当な範囲に止まらなければならない」と、基本懇答申は注意を喚起する。すなわち放射線の被曝線量の程度には個人差があり、障害の程度もまちまちであるから、一律公平に給付を行うのではなく、「必要の原則」を重視した対策をとるべきだと諭す。そして、被爆地域拡大の要望についてもしっかりと釘を刺すのである。

　　「被爆地域拡大の要求が関係者の間に強い。ところで、被爆地域の指
　　定は、本来原爆投下による直接放射線量、残留放射能の調査結果など、

第1章 「唯一の被爆国」で続く被害の分断　*39*

十分な科学的根拠に基づいて行われるべきものである。〔中略〕科学的・合理的な根拠に基づくことなく、ただこれまでの被爆地域との均衡を保つためという理由で被爆地域を拡大することは、関係者の間に新たに不公平感を生み出す原因となり、ただ徒らに地域の拡大を続ける結果を招来するおそれがある。被爆地域の指定は、科学的・合理的な根拠のある場合に限定して行うべきである」(基本懇答申)。

　この論理が、いまなお国の姿勢を下支えしている。長崎県・市や広島県・市が毎年のように調査に基づくエビデンスを示して被爆地域の拡大を陳情しても、「科学的・合理的な根拠」を盾に却下し続けるのである。その結果、被爆地域指定をめぐる不均衡は温存されたまま今日に至っている。

---

4. 原爆症認定制度における矛盾

(1) 2段階構造の認定システム

　当初の原爆医療法は、放射能の影響があるとされた人に「被爆者健康手帳」を公布して年2回の健康診断を行うことがメインであり、医療に関しては、さらに精密検査や厚生大臣の諮問機関である認定審査会(原子爆弾被爆者医療分科会)が行う審査によって原爆放射能の起因性と医療の必要性が認定された者(「原爆症認定患者」)にのみ医療給付を行うというもので、被爆者健康手帳のみでは給付内容が乏しく、手帳取得の意味は薄いものであった。

　このように被爆者援護制度は、当初から2段階の認定システムに分断されていたのである。いわゆる曝露条件(被爆指定地域における被爆の有無の証明が必要)をもとに認定される被爆者という大多数が包含される区分と、それを前提に上記の原爆症認定の審査により(ごく少数が)認定される原爆症認定患者という区分の2段階構造になっている。現実には原爆症としての認定のハードルは高く、生活保護費も削られ補償制度とは言い難い当時の原爆医療法のことを被爆者は「ザル法」と呼び、同法の改正要求とともに真に国家補償に基づく被爆者援護法の制定を求める運動が被爆者運動の中心的課題と

なっていった (伊東 1983)。

戦後政治の保革伯仲のなかで、原爆医療法は幾度もの改正・拡充を重ね、1960年8月には原爆症の認定を受けた被爆者への医療手当創設や認定疾病以外の医療費自己負担分の支給、爆心地から2 km 以内での被爆者を「特別被爆者」として医療費自己負担分の支給を行う制度の創設などの改正が行われた。1968年9月には「原爆被爆者特別措置法」が施行され、原爆症認定患者に特別手当の支給や、特別被爆者で指定疾病に罹っている者への健康管理手当の支給等の拡充が実現した[27]。この二つの法律がいわゆる原爆二法としてその後も改正を続けながら、最終的に「被爆者援護法」(1994年12月成立) に一本化され、被爆者援護制度の基本骨格が形づくられている。

厚生労働省健康局データ (2017年3月末現在) によれば、全国の被爆者健康手帳を持つ被爆者の数は16万4621人[28]で、ピーク時(1980年度)の37万2264人から2012年度に20万人を割って以降、毎年約1万人のオーダーでの減少 (主に死没) が続いている[29]。平均年齢は81.41歳となった。年齢だけを考えれば、「被爆者がいる時代の終わり」が近づいている (田口富久・長崎市長による2017年長崎平和宣言)。

被爆者のうち、健康管理手当(月額3万4270円、2017年度) を受給しているのは13万7155人であるが、原爆症の認定を受けて最高ランクの医療特別手当(月額13万9330円、同上)を受給している認定患者数は、2008年以降の認定拡大 (後述) がなされた後も、わずか8169人(被爆者全体に占める割合は5.0%)に過ぎない[30]。

(2) 原爆症認定の絞り込みの背景

制度の拡充とともに、被爆者の対象拡大もなされた。医療費などの給付のある特別被爆者の範囲も、2 km 以内 (のち3 km 以内等に段階的に拡大) で初期放射線を浴びた直接被爆者だけでなく、原爆投下から3日以内に爆心地からおおむね2 km 以内に立ち入った入市被爆者、および被爆者の胎児まで要件が緩和され、1970年代前半には特別被爆者の人数は30万人を超えるとともに、援護予算も飛躍的に増大した。

被爆者援護制度の拡充にともなう急激な予算拡大と符合する形で、原爆症認定が厳しくなってきた現実がある。原爆医療法が施行された1957年度には約1億7500万円に過ぎなかった予算（医療費・健康診断費＋諸手当等）は、あらたに手当が加わった原爆被爆者特別措置法施行以降急拡大し、1972年度には100億円を突破した。1984年度には1000億円を超えている[31]。それにともない、1960年代前半までは申請者の9割近くが原爆症認定を受けられていたものの、70年代には認定率は5割を切るようになり、それ以降は2割程度の認定と低迷してほとんど却下される事態が続いた。

実際のところ、原爆症認定数は長年あたかも「定数制」をしいたような審査がなされてきたように見える。すなわち1985年以降の20数年を見ても、「新しい審査の方針」（後述）以後に一定の認定拡大が図られるまでは、原爆症認定患者の数は見事に毎年2000人前後（被爆者全体の1％未満）で維持されていた。いわば毎年の死亡者や完治者が抜けた後の減少分だけあらたな認定がなされる、というような状況が続いてきた（郷地 2007）。これでは事実上予算ありきの認定であり、認定審査会の判定そのものの政治性を疑わざるをえない。被爆者援護制度内部における種々の類型区分の温存は、予算拡大の防止と密接に連関していたと考えられる。

(3) 原爆症認定基準と集団訴訟

国の原爆症認定基準においては、放射線起因性の判断が重要なポイントであるが、じつはその前提として本人の被爆した場所が爆心地からどれだけ離れているかという距離基準が決定的な意味を持っていた。1960年代までは爆心地から2km以遠の地点で被爆した人たちも原爆症認定されることが多かったものの、前述の予算急拡大の影響もあってか、70年代以降国は被爆者の浴びたと考えられる放射線量を計算し、それと放射線障害との因果関係を判断する「科学的厳密性」を要求するようになった。基本懇答申以降は一層その傾向が強まった。そこで用いられた計算方式が、原爆直後からの線量測定やアメリカの核実験の結果などに基づくT65D（1965年暫定被曝線量推定方式）および後に改定されたDS86（1986年被曝線量推定方式）である。このモ

デルに当てはめると、2.0 km以遠の被爆者は実質的に放射線の影響はなかったと判断されてしまうという科学的問題性を抱えており（矢ヶ﨑 2010）、認定申請を出した被爆者が次々と却下される事態が続いた。

認定却下された被爆者らが2003年4月より全国17地裁で相次いで提訴した原爆症認定集団訴訟において重要な争点となったのは、とりわけDS86で無視されている残留放射線による外部・内部被曝の問題である（原爆症認定集団訴訟・記録集刊行委員会編 2011）。とくに内部被曝では、外部被曝では問題にならない飛程距離の短いアルファ線、ベータ線を発する放射性物質をも取り込んでしまう可能性があり、それらが特定の臓器等に密集して局所的かつ集中的に分子切断を継続するため、DNA染色体や細胞レベルの変異を生む危険性が何倍も高いといわれる。残留放射線をしっかり考慮に含めれば、DS86がはじき出す初期放射線の距離減衰を補完し、比較的遠距離でも放射能の影響を肯定的に判断することができる。

こうした主要な争点は裁判所に受け入れられ、結果的に集団訴訟は一審・二審で原告側の19連勝に終わり、多くの原告が司法判断による原爆症認定を獲得した。2007年8月、安倍首相（当時）は被爆者との懇談会で原爆症認定基準見直しを表明し、「新しい審査の方針」（2008年3月）が策定されることとなった。このあたらしい認定基準は、爆心地から3.5 km以内での被爆あるいは100時間以内に2 km圏内に入市した被爆者等に関して、指定疾病に罹っていれば「格段に反対する理由のない限り積極的に認定する」という「積極認定」の方針を示したものである。

認定基準の変更は、2008年まで2000人ほどで低迷推移していた認定者の数がその後一気に8000人台にまで上昇する効果を生んだ。しかしながら、認定の内訳を見ると、2008年度以降、悪性腫瘍（固形がん）、白血病、副甲状腺機能亢進症に関してはほぼ40〜70%程度の「積極認定」がなされているものの、白内障、心筋梗塞、甲状腺機能低下症、慢性肝炎・肝硬変、その他の疾患に関しては放射線起因性の有無を厳しく問う個別判断がなされており、認定率は1〜20%程度にとどまっている[32]。司法判断と行政認定のズレという事実上の二重基準は依然続いているといわざるをえない。

5. 原爆と原発——問題構造の連鎖

(1) 被爆者の原発に対する感情

　以上のような被爆者援護のしくみに変化の兆しが見えてきたなかで、2011年3月、福島第一原発事故によりあらたなヒバクシャを大量に生み出す事態が発生した。原爆と原発、ともに核分裂反応を利用した本質的な同一性がありながら、軍事利用と民生利用という区分けもあって戦後長い間両者をつなげてとらえる向きが少なかったが、凄惨な被害をもたらした原爆のしくみが原発という形で切り離されていっただけに過ぎない。本来は事故で発生しうる被害を原爆の災禍とつなげて考える発想が日本国民には広く共有されていても不思議ではない。だがそうならなかったのはなぜだろう。

　代表的な被爆者団体である日本被団協は、福島第一原発事故後の2011年7月13日、代表理事会の運動方針において「原子力発電に依存するエネルギー政策の破綻を示し、使用済み放射性廃棄物の処理方法すら確立していないことが改めて明らかになった」と述べ、原発の新・増設計画中止、現存する原発を計画的に停止・廃炉とすることを国に要求するなど、1956年の結成以来、初めて「脱原発」を運動方針に掲げた。それは1957年8月に国内初の原発実験炉（東海村）に「原子の火」がともってから経ること54年後のことであった。このいささか不可解なタイムラグは何だったのか。

　そもそも日本被団協が結成されたのは、第五福竜丸事件を発端として、放射能被害の恐怖を知った国民による全国規模の原水爆禁止運動の盛り上がりが契機だった。その核兵器廃絶をめざす運動の中核にいたはずの被爆者団体が、なぜこれまで原子力発電を問題視しなかったのか。

　その要因には、当時提唱されたレトリックがある。いまの原子力発電につながる核技術の民生分野（農業や医療、発電など）への転用を公に提唱したのは、アメリカ大統領・アイゼンハワーによる国連総会での演説 "Atoms For Peace"（1953年12月8日）である。ここで提唱された「原子力の平和利用」[33]という理念が、逆説的ではあるが、原爆で家族を失いあるいは原爆の後遺症に苦しむ被爆者らにとって一縷の希望として受け止められていたというのであ

る。日本被団協の大会宣言も次のように述べる。

> 「人類は私たちの犠牲と苦難をまたふたたび繰り返してはなりません。〔中略〕原子力を決定的に人類の幸福と繁栄との方向に向かわせるということこそが、私たちの生きる限りの唯一の願いであります」（長崎市における結成大会宣言、1956年8月10日）。

　ここには家族などを殺されたり、さまざまな後遺症で被爆者を苦しめる原爆のような軍事利用を改め、「核」エネルギーを人類の発展のために利用する方向に変えていければ、人々の幸福と平和につながるのではないかという願いが込められていると解すことができる。長崎医科大学の放射線医学専門医であり、また小説家としても名高い永井隆も、「夢のエネルギー」として原子力に医学などへの応用の可能性を感じていたとされる[34]。
　このような原子力の「平和利用」に対する淡い期待が、被爆者をはじめ原爆を経験した人々が原子力発電の是非に踏み込む議論を妨げていたのだと考えられる[35]。それは巧妙なレトリックであったわけだが、結果的に戦後の日本は「原子力の時代」を象徴するような原発大国にのし上がり、3・11の大事故を迎えることになった。一旦原発の過酷事故が起これば、広大な土地が居住不可能になり、そこで暮らしていた人々の生活を根こそぎ奪うという意味で「核カタストロフィ」を惹起すること、それはもはや戦争とのみ比較可能な事態を現出させることを私たちは身をもって学んだ（佐藤・田口 2016）。ここに来て私たちは、分断された原爆と原発の関係を見つめ直し、両者を連関させてとらえなければならない情況に置かれている。

(2) ヒロシマ・ナガサキからフクシマへ
　これまで本章では、戦争被害、原爆被害、被爆者、原発とそれぞれの間およびその内部における分断が、さまざまな格差や排除を生み出し、戦後70年にわたって問題の解決を困難にさせてきた経緯を見てきた。このような問題構造を引き継がぬよう悪循環を断ち切っていかなければ、福島第一原発事

故後の被害に対しても同じ苦渋の時間を繰り返すことになりかねない[36]。最後にこの点にふれておきたい。

2008年の原爆症認定基準の改定以降、認定実務においてふたたび司法と行政との乖離が顕在化したことについて、2011年度以降、福島第一原発事故によって被曝した福島の被災者との関係を強く意識した運用が行われているのではないかとの指摘がある[37]。実際、原爆症認定集団訴訟の解決を受けて、現行の原爆症認定制度のあり方を討議するため厚生労働省が設置した有識者による「原爆症認定制度の在り方に関する検討会」(2010年12月設置)の運営にも、その嚆矢とも言える側面が垣間見える。この検討会には、初めて被爆者代表の参加ということで日本被団協から2名の委員が出ていたことは評価できるが、検討会のやりとりのなかでは、原爆症の認定基準改定が福島の原発事故被害の問題に波及することを懸念する委員の発言もしばしばみられた。

たとえば、第19回の「検討会」(2013年2月21日)では、ABCCを受け継ぐ放射線影響研究所が2012年12月に出した「『残留放射線』に関する放影研の見解」[38]をもとに、事務局(厚生労働省)自身が「これまで行われてきた被爆者を対象とした疫学調査からは、低線量被曝、内部被曝による健康影響への関連は認められていない」と機先を制するかのような主張を展開した。集団訴訟の司法判断による原爆症認定の基準が、原発事故後の放射能汚染に起因する健康障害の因果関係の議論にまで波及することを食い止めようという意図が透けて見えるようである。いわば原爆被害と原発事故被害の間を隔てる垣根をいまのうちに構築しておこうということなのかもしれない。

だが、被爆者においては数十年単位で放射線の晩発的影響が発生してきた歴史を見れば、今後原発事故の放射線による健康被害が発生しないとは言いきれない。その場合、被爆者援護制度の歴史的教訓をふまえた補償の論理を先んじて構築しておく必要がある。少なくとも被爆(者)の歴史においては、比較的遠距離における被爆あるいは残留放射線(とりわけ低線量放射線の内部被曝)の影響に対する過小評価が今日に至る係争を招いてきたが、この点では健康被害をめぐる問題の構造は原発事故においても同様である。それゆえ

に健康被害への対策がPTSDを前提にした「被爆体験者」のような扱いにならぬよう留意が必要であろう。

　現在、福島県内では、国から委託を受けた福島県立医科大学の主導の下に福島県民健康調査（当初「福島県民健康管理調査」と称した）が行われているが、これとて本来福島県内に限る合理性は乏しく、また原発事故当時18歳以下の子どもに限っては甲状腺の検査が継続的に行われているものの、成人に関しては5年に一度という低頻度による健康診断しかなされず、長期にわたって低線量被曝の健康影響を調べていく体制としてはあまりに貧弱である。健康診断受診者の率が低下することは想像に難くなく、国が原発事故の風化を自ら助長してしまうおそれすらある。この点を含め同調査のプロセスには多くの疑問が投げかけられている（日野2013）。これでどうやって原発事故後の住民の健康管理に責任を持てるのだろうか。

　最低限、放射線被曝のリスクを負った人々については、被爆地域や第一種健康診断特例区域で行われてきたような、がん検査を含む精密検査の機会を毎年実施していき、病気の早期発見・早期治療につなげていくことが事故の加害者の果たすべき責任であり、そのことが住民の不安の解消につながるすべではないかと考えられる。

注

1　福島第一原発事故前、国は2030年度の電源構成において原発の割合を最大5割とする見通しを持っており、既存の54基に加えてさらなる新増設を企図していた。
2　日本の15年戦争全体の一般市民の被害を網羅することは難しいため、ここでは太平洋戦争中の日本本土に対する空襲（その中に原爆投下も含まれる）によって一般市民が被った人体・生命被害に限定して論じることにする。
3　NHKスペシャル「本土空襲　全記録」2017年8月12日放送。
4　ちなみに、2010年に結成された全国空襲被害者連絡協議会が、超党派の国会議員らとともに2012年、「空襲被害者等援護法」の素案をまとめている。空襲による死者や負傷者を対象に、最大65万人の申請を見込み、予算額6800億円と見積もられた（死者1人につき100万円、15歳未満で孤児になった人に100万円、負傷者等に40〜100万円を給付するという内容）。給付金は一度限りの支給であり、被害者としてもかなり妥協を重ねた内容だったはずだが、法案上程さえされなかった。そこで超党派の国会議員連盟は2017年、「最後のチャンス」として成立を優先すべく、内容を大幅に切り縮めた素案をまとめた（「空襲等民間戦災障害

者に対する特別給付金の支給等に関する法律」）。太平洋戦争開始から沖縄戦が公式に終わった1945年9月7日までに空襲や艦砲射撃等で「身体障害を負った人」（外国籍の人も含む）を対象とする内容で、最大1万人の申請者を見込み、予算は約50億円というものである。生存する障害者のみが対象となり、国家補償の理念を骨抜きにしたような内容であったが、この法案（議員立法）でさえも2017年の通常国会に上程されず、審議に至っていない。この法案は、国家責任を明示せず「長期間の労苦への慰藉」を趣旨とする点でも問題が多いが、戦災による心理的外傷や被害実態調査、死者の追悼施設の設置も進めるとの内容が盛り込まれた点は前進ともいえる。

5 戦時下で空襲等の被災者・遺族に対して「戦時災害保護法」（1942年制定）は存在し、まがりなりにも敗戦直後まで同法の適用による生活扶助費の給付等がなされた例もある。ただし、国家補償ではなく慈恵的な救済を施すという性格であったこと、さらに敗戦前後の予算逼迫の状況の中で実態としては十分に機能しないまま、1946年9月の（旧）生活保護法制定とともに廃止された。他方、名古屋市では、2010年度から独自の条例（「民間戦災傷害者援護見舞金制度」）に基づいて、空襲など戦災によって負傷し、現在も障害を負っている被害者（ただし、軍人恩給法あるいは被爆者援護法に基づく援護を受けている人を除く）に年2万6000円の給付金を支給している実績がある。

6 日本の原爆被害を受けた人々に対する援護制度（原爆医療法および被爆者援護法。後述）には、元々受給者を日本国籍保持者や日本在住者に限る条項はなかったにもかかわらず、日本で原爆被害に遭い、戦後母国に帰国した在外の被害者たちの受給申請については却下するという差別的な運用が長らくなされてきた。そうした不利益な扱いの是正を求める在外被爆者訴訟が提訴され、次々原告勝訴の判決が出された結果、2008年12月には被爆者援護法が改正され、在外被爆者は渡日しなくても居住国の日本大使館等において被爆者健康手帳の申請ができるようになったほか、2010年度からは原爆症認定申請等ができるようになった。

7 一般的に軍属といえば軍の後方支援や関連業務に従事する者を含むが、軍人恩給法にいう軍属とは、旧陸海軍における文官や警察監獄職員のことを指し、軍部に一時的に雇われた雇傭人や工員などは対象外となっている。なお、恩給制度では、軍人以外でも、国家公務員・地方公務員で戦後の共済制度に移行する（1959年以降）前に退職した人やその遺族も対象となっているが、全体としてみれば、現在の受給者の98%は旧軍人及びその遺族となっている。

8 ドイツ（1949年より西ドイツ）の場合は、ナチスの政権が倒れ、国民に戦争の惨禍をもたらした責任を戦後の民主政権が補償するという姿勢がとられたが、日本の場合、その点が大きく異なる。実際、戦前来の旧政治指導者や官僚などの多くが入れ替わることなく、戦後体制の政権下でも実務を担うことになったために、国民生活を破滅に導いた戦争指導者を含む軍人に対する評価は必ずしも逆転せず、軍人恩給などの関係性が継続してしまったともいえる。戦中当時の軍人としての階級が高くなるほど（また在職期間が長いほど）——戦争遂行の責任は重くなるはずだが——恩給の額も高くなるというしくみも残されたのが象徴的である。

9 のちには傷病や障害のために治療等が必要な者に対して、「戦傷病者手帳」を発行して医療保障を行う「戦傷病者特別援護法」も制定された（1963年8月）。なお、恩給法の対象となる軍人・軍属および文官は、原則として恩給法のほうが適用される。

10 旧軍人・軍属に対する恩給制度は、戦前来の軍国主義を助長する残滓であるとして1946年、GHQの指令によって重症者に支給されていた傷病恩給を除いて廃止された（勅令第68号）。

11 軍人恩給は一定年限以上勤務した本人あるいは遺族に給付される場合（普通恩給）と、公務によりけが・病気をした場合に本人あるいは遺族に給付される場合（傷病恩給）、さらに死亡した場合に遺族を対象に給付される恩給（公務扶助料）等がある。公務扶助料の受給者は妻、妻がいなければ未成年の子、障害のある成年の子が受給する権利を持つ。支給額は当時の軍歴と戦死当時の棒給に応じて決まる。恩給制度全体でいえば、受給者のピークは1974年の283万人で、2017年度の予算人員は38万人まで減少しており、予算総額は2793億円になっている。

12 1946年以降の原爆後障害などによる「遅れた死」に見舞われた人々も合わせれば、5年後までに広島で約20万人、長崎で約14万人が死亡したとされる。

13 米軍の調査団は旧大日本帝国陸海軍による医学的調査を担った都築正男（軍医中将）や、理化学研究所の仁科芳雄らの物理学者など日本側の協力をスムーズに取り付けるため、調査団の名称を「日米合同調査団」と称していたが、実際にはアメリカ本国における正式名称は「日本において原爆の効果を調査するための軍合同委員会」という直截的な名称であった（中川 2011: 53-54）。

14 この時期の事情について直野章子は次のように述べる。「『平和国家』として日本を復興させるという米国の東アジア統治戦略のもと、原爆平和招来説は、原爆投下という米国による国際法違反の暴力行使と天皇の戦争責任を互いに無罪放免とする、日米合作のナラティブとして機能したのである」（直野 2015: 75）。

15 1956年12月の衆議院本会議で「原爆障害者の治療に関する決議」が可決され、「立法化の措置等によりまして御趣旨に沿うべく鋭意努力をいたす決意をいたしております」との政府委員の答弁を引き出した（竹峰 2008: 24）。原爆医療法の法案提出は厚生省自らが行うことを決意したとされる。しかし大蔵省の査定によって、医療手当に相当する「生活援護費」（当時の額で1人月2000円）の要求が削除されてしまった。

16 最高裁判決は、原爆医療法は、戦争遂行主体の国の責任によって救済を図るという一面を有し、実質的に国家補償的配慮が制度の根底にあると指摘した。

17 答申では「広い意味における国家補償の見地に立って」措置対策を講ずべきと述べているが、これはあえて曖昧な表現に止めたものである。被爆者に対する給付が「国家補償」として行われてしまうと、国の戦争責任を認めてしまうことになり、一般の戦争被害者との「均衡」を欠くことになるからである。国民は原則として、自分の受けた戦争被害について国の「戦争遂行主体としての責任」を問う立場に立てず、それゆえにその被害について国が補償するという道理もないという理屈にしてしまったのである（石田 1986）。結局、基本懇答申はその後の厚生行政の

第1章　「唯一の被爆国」で続く被害の分断　*49*

下敷きになっており、のちの被爆者援護法（1994年）が制定された際も、「国家の責任において被爆者対策の充実を図る」との曖昧な表現に止まった。これもまた一般の戦争被害者への賠償・補償へとつながらないような伏線が周到に張られた法律になっており、基本懇答申の延長線上でしかないと批判された（高橋 1995）。

18　孫振斗最高裁判決も「原子爆弾の被爆による健康上の障害がかつて例をみない特異かつ深刻なものであることと並んで、〔中略〕被爆者の多くが今なお生活上一般の戦争被害者よりも不安定な状態に置かれているという事実を見逃すことはできない」と指摘している。

19　現在の受給者数はごくわずか（長崎市は約10人、広島市は約180人）であるが、もともとは指定当時、特例区域は「当分の間、被爆者とみなす」というグレーゾーンの位置づけで検証をするはずだった。にもかかわらず、結局40年後も放置されたままである。

20　長崎県・市は当調査をもとに翌年6月、『長崎原爆残留放射能プルトニウム調査報告書』として厚生省に提出し、厚生省は1992年度同報告書の検討班を設置した。だが1994年12月の厚生省の結論は、「有意性は認められるが、確認された被曝線量では住民への健康影響はない」というもので、指定地域を見直すに足る科学的知見としては認めがたいとするものであった。

21　本田孝也「被爆未指定地域の放射線量および住民の健康被害に関する意見書」（http://www.vidro.gr.jp/katsudo/post-354.html）2016年2月20日閲覧。本意見書は被爆体験者訴訟控訴審（2012年12月3日）に向けて福岡高裁に提出されたものである。

22　この助成は被爆者援護法に基づくものではなく、法外の国の要綱による被爆体験者精神影響等調査研究事業として行われている。

23　長崎市内在住の人に限れば、2016年1月末時点で第二種特例地域に居住する6272人のうち、5385人が被爆体験者精神医療受給者証を受給している。なお、同研究事業に基づく受給者証の交付要件に現在もなお12 km圏内の特例区域に居住している者とする要件の制約があったため、撤廃の要望が地元自治体からなされた。その結果、国は2005年6月よりあらたな要綱に基づき、原爆投下当時12 km圏内の特例区域に居住していたが、その後転出し、再び長崎県内に居住する「被爆体験者」も対象に含めるとした改正を行った。一方、受給者証に定める精神疾患の合併症とする疾患・症状が広範囲に拡大することを防止するため、対象疾患・症状をより限定的に明示する運用を行っている。

24　長崎被爆地域拡大協議会『被爆70年・被爆地域拡大にむけた市民と研究者の第6回意見交換会・報告集』における菅政和医師（上戸町病院整形外科）の発言資料。

25　この点では「被爆体験者」が起こした訴訟（第2陣、原告161人）において、これまで国が一切被爆地域と認めてこなかった住民の一部（爆心地から7〜11 kmの距離で被爆した10人）を被爆者（3号被爆者）と認め、県と市に被爆者健康手帳交付を命じる判決が出されたことを見ておく必要がある（長崎地裁、2016年2月22日）。さらに、残りの151人は内部被曝が主だったとして3号被爆者の要件に該当しないとして却下されたものの、判決は、「放射性降下物による外部被ばくに

50

加え、放射性降下物を呼吸や飲食等で摂取し、それによって内部被ばくが生じる
ような状況にあった」として、放射性物質の内部被曝による健康影響を認めたこ
とは注目される。

26 ただし、被爆者の親族の中に、葬祭料制度が付け加わる前に死没した被爆者がい
た場合、「特別葬祭給付金」(10万円)を支給するという特殊な制度が被爆者援護
法制定時につくられた。ただしこれも「生存被爆者対策の一環として支給する性
格のものであって、弔慰金ではない」(井出厚生大臣・当時の国会答弁、1994年
11月29日)とされ、国の戦争責任を前提にした遺族補償ではないことを明確に
している。現在は同給付金の対象者はきわめて少なく、一般的には被爆者が死亡
したときには、葬祭を行った者(民法上の遺族に限定されない)に葬祭料(20万
6000円)が給付されるにとどまっている。

27 1974年10月以降、一般の被爆者と特別被爆者の区別はなくなり被爆者健康手帳
に統合され、手帳の発行を受けた人は全員医療費の自己負担分の助成が受けられ
るようになった。ただし、健康管理手当の給付は被爆者健康手帳取得者のうち、
指定疾病に罹っている者のみが対象である。

28 内訳は、1号被爆者が10万2346人、2号被爆者3万6962人、3号被爆者1万8158
人、4号被爆者7155人となっている。被爆者のうち71.4%が長崎市、広島市、
長崎県、広島県の4県市に居住している。なお、第一種健康診断特例区域の受診
者証交付者は448人、第二種の受診者証交付者は8940人である。

29 被爆者健康手帳および健康診断受診者証は、かつては3年ごとの更新が行われて
いたが、1999年度以降はそれが廃止され、基本的に存命中は継続される。

30 ただし、原爆症認定患者も指定疾病が治癒したと判断されれば、医療特別手当で
はなく、特別手当(月額5万1450円)へと額が変更される。

31 厚生労働省「原爆被爆者対策予算の年度別推移」(http://www.mhlw.go.jp/stf/
seisakunitsuite/bunya/0000049132.html) 2017年9月30日閲覧

32 宮原哲朗「原爆症認定集団訴訟における内部被ばく」広島弁護士会シンポジウム
「内部被ばくと人権」基調講演配布資料(2013年7月27日)。

33 こうした呼び名は演説後の新聞報道によって名づけられた。すでにソ連が核実験
を成功させ(1949年)、工業的利用にも着手していたなかで、アメリカが軍事的
にも工業的にも優位性を確保する緊急性があり、そうした原子力戦略として国連
の下に国際原子力機関(IAEA)を創設して、ソ連を含む関係国に、核物質を共同
拠出して原子力を平和への手段に転換することを訴えたものである(山崎 2011:
148)。また、1952年に原爆の実験に成功し、原爆保有国となっていたイギリス
が、1953年には「平和利用」の先駆けとして原子力発電の構想を発表していた。

34 永井隆は『原子爆弾救護報告』(1946年)で、原子爆弾の残虐な被害を詳細に分析
した上で、科学者の立場としては、「原子爆弾の原理を利用し、これを動力源と
して、文化に貢献出来る如く更に一層の研究を進めたい。転禍は福。世界の文明
形態は原子エネルギーの利用により一変するにきまっている。そうして新しい世
界が作られるならば、多数犠牲者の霊も亦、慰められるであろう」(永井 1971:
979)と述べ、悲劇を生み出した軍事利用ではなく民生分野への原子力の「平和利

用」に期待を込めている。

35 それに加え、被爆者・被爆者団体としてはまずは核兵器を廃絶する運動、あるいは核不拡散条約（NPT）に基づく核軍縮の監視や取り組みの促進に重点があったことも「脱原発」を課題化できなかった事情としてあったと思われる。ただし、その点でいえば、日本は国連安保理の常任理事国以外で、NPT体制下で核燃料サイクルを認められ、核兵器に使用するプルトニウムを大量に保有する「資格」を持つ唯一の国である。日本では稼働中の原発から大量の核燃料廃棄物が発生し、それを再処理に回してプルトニウムを回収し、再び原発の燃料として使用するという核燃料サイクル事業を続けている。事業の困難性や採算性が問題にされてもあくまでこの事業に固執する姿勢の裏側には、核武装の潜在能力を残しておくという真意があることはたびたび指摘されてきた。少なくともこうした潜在的な核武装の意図とも絡むプルトニウム再処理の是非については、核兵器廃絶運動が本来追及すべき課題だったのではないかと思われる。

36 この点では残念ながら、すでに事故後の避難にともなう生活・財産の被害補償において、避難指示区域内外における膨大な格差が生じており、避難者・家族・コミュニティにおける深刻な亀裂を生んでしまった。

37 前掲「原爆症認定集団訴訟における内部被ばく」。

38 「見解」は、①原爆の残留放射線は初期放射線と比べても無視できる程度に少なく、健康影響を与えるほどではない、②被曝線量を考慮せず内部被曝が外部被曝よりも危険というのは報道等による誇張であり「全く根拠がない」、という従来の主張をあらためて述べる。また福島の事故後でも、内部被曝の線量は健康影響の心配をするレベルではないとしている。

文献

池谷好治，2003，「一般戦災者に対する援護施策——自治体の論理・国家の論理」『歴史評論』第641号，pp.61-78.

石田忠，1986，『原爆被害者援護法——反原爆論集Ⅱ』未来社

伊東壮，1975，『被爆の思想と運動』新評論.

伊東壮，1983，「国の『原爆無責任論』に抗し，援護法を求めて」『広島・長崎の証言'83』第5号，pp.6-9.

グローバルヒバクシャ研究会編，2005，『隠されたヒバクシャ』凱風社

グローバルヒバクシャ研究会編／高橋博子・竹峰誠一郎責任編集，2006，『いまに問うヒバクシャと戦後補償』凱風社.

原爆症認定集団訴訟・記録集刊行委員会編，2011，『原爆症認定集団訴訟　たたかいの記録』日本評論社.

郷地秀夫，2007，『「原爆症」——罪なき人の灯を継いで』かもがわ出版.

佐藤嘉幸・田口卓臣，2016，『脱原発の哲学』人文書院.

芝野由和，1994，「戦争被害補償と戦後責任——ドイツの国家賠償・国家補償から考える」『平和文化研究』第17集，pp.158-177.

高橋眞司，1995，「原爆被害と被爆者援護法」『「被爆者援護法」の成立と今後の被爆者

運動の課題』長崎「原爆問題」研究普及協議会，pp.1-27.
高橋博子，2011，「原爆・核実験被害関係資料の現状──ABCC・米軍病理学研究所・
　　米原子力委員会」『歴史評論』第739号，pp.5-19.
竹峰誠一郎，2008，「『被爆者』という言葉がもつ政治性──法律上の規定を踏まえて」
　　『立命館平和研究』第9号，pp.21-30.
直野章子，2011，『被ばくと補償』平凡社.
直野章子，2015，『原爆体験と戦後日本』岩波書店.
永井隆，1971，『永井隆全集』講談社.
中川保雄，2011，『増補　放射線被曝の歴史──アメリカ原爆開発から福島原発事故
　　まで』明石書店.
長崎市原爆被爆対策部調査課，2000，『原子爆弾被爆未指定地域証言調査　面談実施
　　者証言集』3月.
長崎市市民局原爆被爆対策部，2017，『原爆被爆者対策事業概要　平成29年度版』.
長崎民医連被爆地域拡大証言調査プロジェクト，2015，『被爆地域拡大証言調査　調
　　査結果報告書』3月.
日野行介，2013，『福島原発事故　県民健康管理調査の闇』岩波書店.
広島原爆医療史編集委員会編，1961，『広島原爆医療史』(財)広島原爆障害対策協議会.
広島市健康福祉局原爆被害対策部，2016，『原爆被爆者対策事業概要　平成28年度版』.
矢ヶ﨑克馬，2010，『隠された被曝』新日本出版社.
山崎正勝，2011，『日本の核開発：1939 〜 1955──原爆から原子力へ』續文堂.

第2章　スティグマ経験と「差別の正当化」への対応
──長崎・浦上のキリスト教者の場合──

堀畑まなみ

　この章では、原爆による被害を受けた長崎から学ぶ。福島では、原発事故からの復興が重視され、放射能汚染の被害や健康への影響について容易に語れる現状ではない。長崎では、原爆被害が集中したキリスト教者にスティグマが付与され、沈黙が強いられてきたが、今は被害が語られるようになっている。この変化が起きたのは、当時の積極的な社会運動とローマ法王の被ばく者に寄り添う発言によって、「差別の正当化」への対応が進んだためである。スティグマの経験と差別の正当化への対応は、福島でも今後必要になることから、長崎での出来事を詳細に見ることにしたい。

1. 強いられる沈黙とスティグマの経験

　福島での今後を考えるにあたっては、被ばくの経験を避けては通れないであろう。本章では、先に被ばく経験をした地域として長崎を取り上げ、この課題を考えていく（本章では、被爆／被曝の両義を表す語として被ばくを用いる）。

　福島第一原子力発電所における事故を語ろうとすると、「復興に取り組む人に水を差す」「事故を忘れないと先に進めないだろう」といった言説によって、語れない状況ができつつある。このことは、吉原も避難者に対する国民世論の動向において前兆があるとし（吉原 2013: 165-166）、同じように原爆の被ばく者に沈黙が強いられてきたとして濱谷正晴の言葉を引用している。濱谷は、2005年当時、近年の状況として「国が被爆者に原爆被害の『受忍』を強いるのにとどまらず、言論人や学者たちをはじめ、国民世論が被爆者に『沈黙』を強い、戦争責任を追求してきた運動を封じ込める」（濱谷 2005: 258）

と記述した。沈黙が発生する状況については、社会心理学者ノエル＝ノイマンも「雄弁は沈黙を生み、沈黙は雄弁を生むという螺旋状の自己増幅プロセスの中で、ついには一方の意見だけが公的場面で支配的となり、他方の支持者は沈黙して公の場からは見えなくなってしまう」ということを述べている（Noelle-Neumann 2001 ＝ 2013: 6）。

被ばくという壮絶な体験は、スティグマ[1]になるが、ゴッフマンによれば、スティグマのある人は「〔スティグマという荷はさほど重くなく彼と常人とさほど違ってはいないという〕信憑を常人が痛み感ぜずに信じられるほどに常人から距離を保って身を恃さなくてはならない」と要求されている。そして、「スティグマのある人は〔自分の立場での〕自己自身ならびに常人の受け容れ方を、そもそもまだ常人が彼に示したこともない〔常人の立場での〕彼の受け容れ方と交換するように忠告されているのである。嘘の受け容れ（a phantom acceptance）はかくして嘘の正常さ（a phantom normalcy）の基盤を準備することを可能にする」という（Goffman 1963 ＝ 2001: 204-205）。

こうしたことから、スティグマの経験をした人は「嘘の受け容れ」を強いられ、それを避けようとすれば、優位に立つ者と距離を置き、沈黙をすることになってしまう。

長崎では、ローマ法王の来日が契機となるまで、被ばく者が長い間、自らを語ることをしなかった。この、「被ばくの受忍と沈黙」は長崎・浦上において見ることができる。

原爆は長崎の中心部から少し外れた浦上に落ちた（**図2-1**）。浦上は、キリスト教者が集住していた地域であり、その周辺には被差別部落が配置されていたことから、「われわれを浦上の人間と一緒にするな」という差別意識が現在でも残っている。その浦上地区に落ちたことで、キリスト教者への差別に被ばく者への差別が加わり、助長されるようになった[2]。浦上のキリスト教者は、後述するように周囲からはキリスト教者だから被ばくしたとされて、被ばくの受忍と沈黙が強いられたのである。

ゴッフマンのスティグマ論では、スティグマは個人の問題として捉えられ、スティグマを受け入れるか、努力によって克服するかとなっているが、長崎

第 2 章　スティグマ経験と「差別の正当化」への対応　55

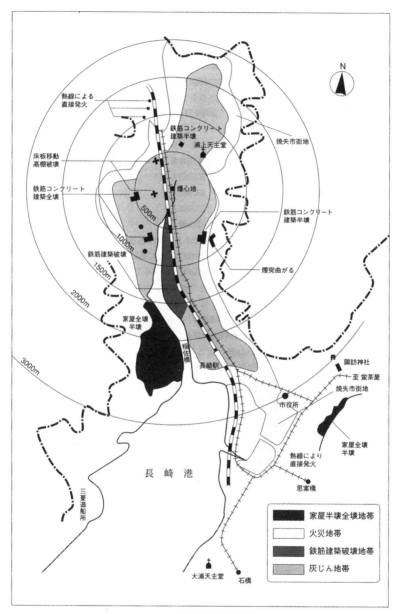

図2-1　長崎市の原爆被害

出所：長崎市「平成29年版原爆被爆者対策事業概要」（http://www.city.nagasaki.lg.jp/heiwa/3020000/3020300/p002387.html）。

では、ローマ法王来日に先立って差別の正当化を許さない社会的状況が構築された。キリスト教者にとって特別な存在である法王の発言によって、キリスト教の被ばく者たちは被ばく経験を肯定でき、ミッションとして受け容れることができるようになった。

福島の今後に、法王の来日のような歴史的な転換点があるかはわからないが、帰還をするかしないか、低線量被ばくの健康への影響をどう思うかなど、福島県内で生じている溝を埋める可能性を考えていくためにも、浦上の人たちによる積年の経験を見る意味は大きい。

2. 長崎における原爆被害

1945年8月9日、長崎に原爆が投下され、推計された死者は7万3884人、重軽傷者7万4909人となった。1944年2月22日の市の人口は27万113人であり、翌年 (1945年) 11月1日の人口は14万2748人と、ほぼ半減した (長崎市史編さん委員会編 2013: 2)。生存者のうち半数程度が原爆によって重軽傷を負った人である。「長崎のまちは、3分の1が焼土、3分の2は、火災はまぬがれたが、大小の被害は全家屋に及んだ」という (三浦 1981: 40)。

原爆は、人体を傷害し、原爆症を発症させるが、それは原子爆弾熱傷、原子爆弾外傷、原子爆弾放射能傷 (症) の3つに分類され、その経過は急性期 (8月9日から12月上旬まで) と後遺症の時期に分けられる。後遺症 (原爆後障害症) は、被爆後第5月 (12月上旬) 以降、現在まで、さらに将来にわたる問題とされている (太田ほか 2014)。放射能による健康被害は、熱傷や外傷といった目に見える形に限られないため、将来に対して常に健康の不安を感じさせるものにもなる。

そして原爆の被害は、健康問題にとどまるものではない。原爆の被害の特質について、哲学者である高橋眞司は、「いのち」「からだ」「はたらき」「くらし」「こころ」という5つの領域に分類し、それぞれが関連しあうものとして被害を表している (高橋 1994: 123-124)。例えば「はたらき」については、職場での人間関係、職業上の不利、昇給・昇進の停止、解雇・失業・休業・転

職・退職・廃業、労働能力の減退・喪失があるとして、「労働不能」が貧困に関連し、貧困が病気に関連し、労働不能とサイクルを形成したり、あるいは、貧困が不安と苦悩に関連し、不安と苦悩が死と相互に関連したりするのである。さらには、「1994年現時点で」として、①全面性（いのち、からだ、はたらき、くらし、こころ、の生の全局面によるもの）、②持続性（一時的、一過性ではなく絶え間なく持続するもの）、③未知性（後遺症は個人の一生にとどまらず、子孫にも影響が及ぶかもしれないもの）の3つに被害を総括している。原爆は、一瞬のうちに人や建物などを焼きつくし、長崎の街を焼け野原へと変え、生き残った者に対しても人間の生活全面に被害を与えた。

　それでは、長崎ではどのくらいの割合で原爆の被害を受けた方がいるのだろうか。原爆によって身近な人が死亡または重度外傷を受けた被ばく者は全体の54.6％にもなったという（太田ほか 2014: 80）。長崎では、原爆被害を受けた方が周りにあまりにも多くいるため、原爆は身近にあり、敢えて語る環境ではなかったという[3]。「長崎に住んでいると被ばく者とか被爆2世というのは当たり前のことで、わざわざ自分がなにかしなくてはいけないと思う人の方が少ない」、というのである[4]。

　一般に、言葉にも表せないような衝撃的な体験をした場合、人によっては心的外傷（トラウマ）を伴うと言われる。広島、長崎では、多くの被ばく者に心的外傷があっても当然である。原爆投下後70年の朝日新聞のアンケートは、この70年で特につらかったことを上位3つまで聞いているが、そのうち、「悪夢を見たり、突然思い出したりする」（7.9％）、「不眠やうつなど精神的変調」（5.9％）が、合わせて1割強となっている[5]。また、PTSD（心的外傷後ストレス障害）の可能性があるとされる被ばく者の割合は、2003年の長崎被爆者健康調査では30.3％となっている（太田ほか 2014: 76）。

　健康影響がある人も、幸運にも健康影響がなかった人にとっても、原爆投下当時の、焼けつくされ、多くの人が被害を受けた状況を目撃した体験や家族や友人など親しい人をなくした体験は一生続くものである[6]。

3. 浦上のキリスト教者への被害と原爆死の意味づけ

　次にキリスト教者の被害状況を見てみる。長崎県では現在も、人口比におけるキリスト教者の割合が高い。長崎県のキリスト教者は2015年末時点で6万5598人であり（文化庁編 2017: 49）、人口の4.8％程度を占めている[7]。原爆が落ちた浦上地区は、多くのキリスト教者が居住していた地区である。原爆では長崎のキリスト教者1万2000人のうち8500人が亡くなり、このうち6000人は即死であった（Kohls 2016）。

　キリスト教は長崎に伝来されてからほどなくして、浦上にも伝えられた。江戸時代に禁教とされてから長い間、「邪教」とされ、キリスト教者は迫害を受けてきた。「長崎をはじめとして『踏絵』などの制度が全国的に行われるようになったが、浦上山里村のキリシタンたちは、ほとんど全村民が表面上は仏教徒を装いながら地下組織をつくり、神父のいないなかで結束して信仰を保った」という（四條 2015: 36）。1854年には鎖国が解かれたが、キリスト教者への弾圧は続き、1867年には「浦上四番崩れ」と呼ばれる大弾圧が起きた。これにより、全村民3394人が各地に配流され、死者は613人にものぼった（四條 2015: 36）。浦上天主堂は、弾圧から解放された信者が1895年から20年かけてやっとの思いで作り上げたものだが、原爆によって再び悲劇に見舞われた。そして、弾圧を受けてきたキリスト教者は、年代や生活環境によってまちまちではあるものの、その昔は「クロ」「クロシュウ」と呼ばれ、差別も受けてきた（四條 2015: 40-41）。

　高橋眞司は、終戦の翌月に宮内省から来た侍従に対して当時の長崎市長が、浦上は「4分の1世紀前に市に編入されたのだが、そのことさえなければ、被災地の復興は長崎市ではなく、長崎県の行政が担当すべき」と言ったことを紹介し、このことが「キリシタンにたいする差別、部落にたいする差別をつくり出してきた人びとに微妙に影響」したと述べている（高橋 1994: 221-222）。「『それ見ろ。言わんこっちゃない』と旧市街地の人びとは言うでしょう。口に出して言わなくても、意識の底で思うでしょう。『お前らがお諏訪さんにおまいりに来んけん、そげんことになるっとさ』。言ってみれば、原

爆はお諏訪さんのおまいりにこない天罰ということになる」(高橋 1994: 222)。

　ゴッフマンは、スティグマの理論で「彼の劣性、ならびに彼が象徴している危険を説明するイデオロギーを考案し、さらには他の差異、たとえば社会階層、に根ざす敵意を正当化しようとする」とし、防衛的反応として「当然の酬いである、と見做すようになり、われわれが彼を扱う扱い方を正当化するようになる」(Goffman 1963 = 2001: 19-20) というが、長崎でも差別の正当化がなされていたのである。

　これに対する「切返しの論理」として提出されたのが、燔祭(いけにえを神にささげる儀式)説と呼ばれる考え方である (高橋 1994: 223)。これは終戦後間もなくして、キリスト教者であり、医療者でもあり、文学者でもある永井隆によって示された。占領軍が情報統制をしているという当時の社会的な状況において、激しい原爆の被害を表現することは難しかったため、燔祭という言葉が選ばれて使われたのである。

　高橋は、摂理、燔祭、試練の3つの観念によって燔祭説は作られていると分析している (高橋 1994: 214)。永井は著書である『ロザリオの鎖』や『長崎の鐘』にて、浦上に原爆が落ちたことを深い神の摂理として捉え、原爆の死者を「燔祭として、神の祭壇に捧げられた犠牲の子羊」とし、生き残った者は神の試練として耐えしのばなくてはならない、と描いているというのである(高橋 1994: 213-216)。

　四條知恵は、燔祭説が与えた原爆死の意味を、以下のように分析している。「燔祭説が与えた原爆死の意味は、崩壊した社会のなかで生きる希望を指し示すものだった。燔祭説は個々のカトリック教徒とカトリック集団の原爆被害を結びつけるとともに、これまでの歴史理解に沿って、カトリック集団の存在意義を強めることで、浦上の地域共同体に入った『ひび』を統合する機能をもっていた。それは浦上のカトリック教徒たちに過去と未来を提示することで、集団を再統合し、共同体を作り出す試みであり、それによって生き残ったカトリック教徒たちは、もう一度集団のなかの個人としてのアイデンティティを確保し、再建に向かって歩み出す力を与えられたのである。カトリック教徒が集住する地域共同体があり、それをもう一度立て直そうとする

中で、燔祭説は求められ、語られた」（四條 2015: 191）。

長崎では原爆投下によるキリスト教者への被害の集中が正当化され、キリスト教者集団においては、内側で完結される了解可能な世界が作られたのである。歴史的な経緯もあり差別の正当化がなされていれば、劣位に置かれた立場の者は沈黙をすることになる。

しかし、この燔祭説は、高橋や秋月辰一郎によって批判された。とりわけ、高橋は「戦争責任が問われた戦後の世界で二重の免責、責任免除の役割を担った」（高橋 1994: 224）と分析している。

ゴッフマンは、スティグマのある人について「自分が経験した苦しみを形を変えた祝福と見ることもあろう」と記述している（Goffman 1963 = 2001: 28）。このことは、スティグマの経験をした人が、自らの経験を意味づけ、同じ経験をした集団の内部に向かって発せられたメッセージが、外の人によって勝手に利用されることがあることを意味する。被害者が自分を納得させるためにした発言を、加害者側が「自分たちが良いと思ったのなら良いのではないか」というように利用する可能性である。

長崎では「被ばく者かつキリスト教者」という二重のスティグマの経験をしている集団があり、この集団の所属者は、被ばくしていることで差別されるかもしれない、キリスト教者であることで差別されるかもしれない、という二重の不安の中で生きることになるのである。そして、自分たちが内部に向けたメッセージでさえも悪用される可能性があるのなら、なおさら沈黙することになる。

4. ローマ法王来日で迎える転換点

(1) ローマ法王の来日

1981年2月25日、ローマ法王ヨハネ・パウロ2世が長崎の地を訪問した。この時、日本でも熱狂的に訪問が歓迎された。当時は、東西冷戦の時代であり、核兵器開発がなされていた。ヨハネ・パウロ2世は、「空飛ぶ教皇」としても知られ、積極的に海外に出向き平和行動を実践し、温厚な人柄から信徒

写真2-1　浦上天主堂にあるヨハネ・パウロ２世の胸像（藤川賢撮影）

ではない人々にも慕われ、全世界に大きな影響を与えた人物である。法王は非常に政治力があり、当時のアルゼンチンとチリのビーグル海峡紛争の仲介をしたり、ポーランド危機では当時のソ連とポーランド民主勢力の間に立ったりした（『長崎新聞』1980年12月22日付）。

　法王は、2月25日の夕方に広島から長崎に到着し、その日のうちに浦上天主堂で叙階ミサを行った。翌日、一般の人々との出会いを重視したいという法王の意向で、市営陸上競技場で「歓迎集会」が行われた。収容能力5万人近い会場は、遠方からも多くの人が集まり、埋め尽くされた（『長崎新聞』1981年2月26日付）。長崎に先立って訪問された広島では、法王は「戦争は人間のしわざである」とし、「過去を振り返ることは、未来に対する責任をになうこと」であると明言した（『長崎新聞』1981年2月25日付）。2月26日の夕方には長崎市三ツ山町の恵みの丘長崎原爆ホーム別館を訪問し、被ばく者を直接見舞った。この時、法王は「被爆者に」として、「皆さんの生きざまそのものが、戦争反対、平和推進のため最も説得力のあるアピールなのです」と日

本語でスピーチを行った（『長崎新聞』1981年2月27日付）。

　法王の滞在は2日間ではあったが、広島と並ぶ被爆地である長崎の意味を
クローズアップさせたと、長崎新聞は記述している（『長崎新聞』1981年2月27
日付）。同紙は、当時の冷戦状況から「国際的に影響力の大きい法王が、被爆
地・長崎を訪問する意義は極めて大きい」とし、特に被ばく者はその気持ち
が強く、半面「どれだけ具体的な発言をしてくれるのだろうか」と不安もあっ
たことを、当時の長崎総合科学大・平和文化研究所所長の貝島兼三郎の発言
として伝え、そして、被ばく者にとっては「期待以上であった」と述べてい
る（『長崎新聞』1981年2月27日付）。

　長崎新聞の記者は同行印象記を書いているが、そこには、「さまざまな過
去の歴史や、誤り、現代の苦悩を引きずりながら、法王は新しい"開かれた
教会"を目指し、自らその実践をしているようにもみえる」とある（『長崎新
聞』1981年2月27日付）。

　法王の来日は、日本のキリスト教者においては特別な意味をもち、とりわ
け長崎のカトリック教徒においてはもっと大きな意味を持っていた。それは、
法王の「原爆投下は人間がしたこと」という明言である。これによって、キ
リスト教者は、積極的に平和に貢献するために、「自分たちの使命は何であ
るのか」「自分たちも行動しなくてはいけない」と考えさせられたという[8]。
この法王の被ばく者に寄り添った発言は、キリスト教者の被ばく経験という
スティグマ経験を克服させただけでなく、沈黙せずに生きざまを見せ、差別
の正当化を許さない強い態度を示すことの重要性を示したのである。

(2) 長崎における市民運動の盛行

　四條知恵は、戦後、浦上の地域的共同体のつながりの弱体化と1960年代
後半からの「市民運動の高まりによって、浦上のカトリック教会における支
配的な語りの変容の素地が準備」されたとし、法王の来日によって「カトリッ
ク教会が組織として動き出し、浦上の原爆の語りは、永井隆の影響の名残か
ら抜け出し、戦争を否定するべきものと捉え、原爆被害の悲惨さを語り継ぐ
ことの意義を強調するローマ教皇をめぐる語りへと大きく変容すること

第2章　スティグマ経験と「差別の正当化」への対応　*63*

なったと言える」と分析している (四條 2015: 193)。

　長崎では、1955年11月19日に、市内の24団体が結集して、原水爆禁止運動の母体となる原水爆禁止長崎協議会が設立され、1956年8月には、第2回世界大会が開催されている。この世界大会は、原水爆製造の禁止と軍備縮小の促進、被ばく者の救済、戦争の防止をテーマとして、海外14カ国31人を含む約3000人が参加した。その後、1961年11月には核兵器禁止・平和建設国民会議が設立された (長崎市史編さん委員会編 2013: 364-365)。

　核兵器に反対する市民運動は、1950年代後半からあったものの、長崎のカトリック教徒は政治的な主張と結びつくことを嫌う土壌があった (四條 2015: 162)。それでも、カトリック教徒の中には個人的に活動する人もおり、「運動に関わる少数のカトリック教徒のあいだから、徐々に占領期には見られなかった永井隆の燔祭説をめぐる語りに対する違和感が表明されるようになってきた」(四條 2015: 163-164) という。

　国は1965年に原子爆弾被弾者実態調査を実施し、1967年には調査結果を「健康・生活の両面において、国民一般と被爆者の間には著しい格差はない」と結論づけた。この調査は、生き残った人しか対象にしていないということも問題であったが、この結論に被ばく者は反発し、「1968年には長崎憲法会議や長崎原爆被災者協議会などの有志が被爆者実態調査を行い、『あの日から23年、長崎原爆被災者の実態と要求』と題した報告集にまとめ、被爆の実相と被爆者の苦しみの実態を明らかにした」のである (長崎市史編さん委員会編 2013: 370)。これをきっかけにして、長崎における証言運動が始まっている。

　こうして市民の側の原爆に対する意識の高まりが起こり始めてきていた。1975年は、原爆30年の年であったため、8月9日の原爆犠牲者慰霊・平和記念式典には、過去最高の1万5000人が参加したのである (長崎市史編さん委員会編 2013: 501)。

　ローマ法王が来日するまでの間、長崎市内では市民運動が盛り上がり、キリスト教者の中で完結されていた了解可能な世界は徐々に開かれ、市民側に被ばく者を受け入れる雰囲気は少しずつ作り出されていった。そして決定的なものとして確証を持たせたのは法王来日の長崎中の興奮であり、日本全体

の興奮でもあった。法王のメッセージは、被ばくしたキリスト教者に、被ばくした事実を積極的に伝えることができるのは被ばく者自身であることを自覚させたのである。法王の発言は、被ばく差別を正当化させている現状への積極的な対応であった。

5. 福島の今後に活かせることは何か

　この期間の社会の動きによって、「平和を望むこと」という普遍的な価値の共有と、「戦争は人間のしわざである」という責任の帰属がなされたが、この転換点まで原爆投下から35年の歳月がかかったことになる。帰還が進んでいくと思われる福島で、長崎の経験は活かせるのだろうか。

　それは差別の正当化への対応である。

　原爆投下直後、キリスト教者は被ばくを「天罰」とされた。日本では天罰という表現で因果応報を語ることがある。この天罰説は根強いものであるため、これと対峙させる説として、浦上燔祭説がでてきた。天罰だから当り前という差別の正当化をさせないための解釈が、「戦争責任の免責」という政治的に悪用された。被害者集団は内部に向けられたメッセージにさえも気を使わなければならないと言えるであろう。被害者運動において「運動によって自分が成長できた」という発言がなされた場合、そのことを「成長の機会が得られたのだから、被害を受けたことは良いことなのだ」と加害者側が意味づけることが可能である。加害者側は、被害者の言動について、利用可能なものを常にピックアップする可能性があることを忘れてはならないのである。このことは私たちの身近にもある。被害を受けた人が、周りに気を使って「大丈夫、平気」と言った場合、加害者が「ほら、大丈夫ではないか」「もう平気なら、さっきのことは嘘だったのではないか」と言うことができる。あくまでも、自分の周りに気を使って発言をしたとしても、である。優位に立つ者が劣位の者に「嘘の受け容れ」を強要し、「嘘の正常さ」の基盤を作ることは簡単なのである。

　このことを避けようとするなら、被害者は長い間、沈黙することになって

しまう。沈黙するのには意味があるということを認識する必要がある。

　長崎では、ローマ法王の来日によってキリスト教者に対する理解が進み、市民運動の盛行によって長崎市内での受け容れの基盤が作られた。スティグマの経験がある人が、「自分たちが自分たちのままで良い」という状況ができたのである。また、来日時の熱狂の体験は、人々が群衆の一員として、優位か劣位かではなく同等であることを意味した。メディアの好意的な報道や時間の経過によって、社会がキリスト教をスティグマとして見なさなくなったこともある。

　差別の正当化への対応を福島で作り上げることはできるのだろうか。

　ローマ法王来日のような、地域社会が大きく動く出来事はそう多くはない。しかし、差別の正当化を許さないという実践は可能である。福島でスティグマの経験をした人たちに対して「嘘の受け容れ」や「嘘の正常さ」を強いることのない社会の形成が必要になる。具体的には、「その避難の経験はたいしたことがない」「いつまで避難者でいるの」「被ばくは気にしない方がいい」などという言葉を、避難をしている／していた人たちに不用意に発し、了承させないようにする、ということであろう。こういう場面では、「相手が何も言い返さなかったから、自分たちが言ったことが正しい」と判断する人もいるが、「嘘の受け容れ」を強要させられた状況での沈黙であることも忘れてはならない。福島内部だけではない。復興を支える福島外部では尚のことである。「福島の人たちがこう言っているから」と言う場合には、避難者や放射能による健康への不安を抱えている人たちといったスティグマ経験者だけでなく、女性や子どもなど従来から劣位に置かれている人たちの意見にも常に気を配っておく必要があることを忘れてはならない。

注

1　スティグマとはもともとは烙印の意味である。翻訳者の石黒が改訂版へのあとがきで「人びとが優／劣、良／否の差異を認知するところでは、依然として劣位に帰属される瑕疵がスティグマとして扱われる機会は存立しつづけるのではなかろうか」（Goffman 1963 = 2001: 309）と述べているように、誰でもが劣位に立たされたときに経験すると考えられる。

2　CHRISTIAN TODAY（http://www.christiantoday.co.jp/articles/22143/20160927/

jscs-2.htm）2017年9月30日閲覧。
3 長崎の小学校の中には、被爆体験を家族から聞くという宿題があり、家庭で家族から戦争体験を直接聞くということをしていた。（被爆2世のA氏へのヒアリング、2016年2月16日）。
4 A氏へのヒアリング（2016年2月16日）より。
5 朝日新聞実施の被爆70年アンケート結果より（『朝日新聞』2015年8月2日付）。
6 被ばく者を支える運動をされてきたA氏から、多くの同じ学年の友人が亡くなったので、同窓会を開くことができないという話を聞いた（2016年2月16日）。このことは、長崎においては、普通の人が楽しく過ごせる時間を同じように持てないという被害の1つであろう。おそらく、広島でも同様であり、空襲で被害を受けた同じくらいの世代においても言えると考えられる。
7 キリスト教者の人口における割合は、2015年現在で東京都がもっとも多く6.4％であり、次いで長崎県の4.8％、神奈川県の3.4％である。
8 長崎に居住経験のあるチャプレンB氏ヒアリング（2015年4月8日）より。

文献

太田保之・三根真理子・吉峯悦子，2014，『原子野のトラウマ——被爆者調査再検証 こころの傷をみつめて』長崎新聞社.

四條知恵.　2015，『浦上の原爆の語り——永井隆からローマ教皇へ』未来社.

高橋眞司，1994，『長崎にあって哲学する——核時代の死と生』北樹出版.

長崎市史編さん委員会編，2013，『新長崎市史　第4巻現代編』長崎市.

濱谷正晴，2005，『原爆体験』岩波書店.

文化庁編，2017，『宗教年鑑　平成28年版』.

三浦清一，1981，「長崎の原爆訪問記——1945年10月の3日間」『季刊　長崎の証言』第11号，pp.38-42.

吉原直樹，2013，『「原発さまの町」からの脱却——大熊町から考えるコミュニティの未来』岩波書店.

Goffman, Erving, 1963, *Stigma: Notes on the Management of Spoiled Identity*, Prentice Hall. ＝2001, 石黒毅訳『スティグマの社会学——烙印を押されたアイデンティティ』せりか書房.

Kohls, Gary G., 2016, "The 70th Anniversary of the Bombing of Nagasaki: Unwelcome Truths for Church and State", http://www.globalresearch.ca/the-70th-anniversary-of-the-bombing-of-nagasaki-unwelcome-truths-for-church-and-state/5466919 (viewed on 23 August 2017).

Noelle-Neumann, Elisabeth, 2001, *Die Schweigespirale*. ＝2013, 池田謙一・安野智子訳『沈黙の螺旋理論——世論形成過程の社会心理学』（改訂復刻版）北大路書房.

第3章　人形峠ウラン汚染事件裁判の教訓と
福島原発事故汚染問題

片岡直樹

　福島原発事故によって広い地域が放射性物質で汚染され、それは長期間に渡って継続する。本章では、この汚染問題解決のために、どのような法的取組みが必要なのかを考える。

　その際、人形峠ウラン汚染事件の解決への取組みは貴重な先例である。放射性物質によって長期間汚染されていた空間から、汚染物質を汚染原因者に撤去させた住民の取組みからは、多様な法的課題を学ぶことができる。同事件では民事裁判が汚染物質撤去の実現に一定の役割を果たしており、司法の在り方を考えるための貴重な先例でもある。

　福島原発事故の放射能汚染に対して、放射性物質の除去を求めた民事裁判が提起されている。しかし、裁判所は被害者の請求を認めなかった。汚染原因者と汚染被害者の裁判での主張・立証と、裁判所の判断がどのような内容だったのか。先例である人形峠事件裁判と対照して、汚染問題解決での司法の役割と、問題解決に向けた取組みの在り方を示す。

1.　人形峠ウラン汚染事件

　鳥取県と岡山県の県境に位置する人形峠の周辺では、原子力発電のための核燃料開発としてウラン探鉱・採掘が行われた。鳥取県東郷町（現在は湯梨浜町）の方面地区では、1958年から1961年までウラン鉱石の採掘が行われたが、不要なウラン鉱石と放射性物質で汚染された岩石・土砂など（ウラン残土と呼ばれている）は、長年に渡り採鉱現場に野積みで放置されてきた。1988年8月16日に動力炉・核燃料開発事業団人形峠事業所がウラン残土の放射線測

定をしたところ、方面地区の堆積場そばにある貯鉱場の跡地で強い放射線が検出され、放射能汚染への対処が必要なことが明らかになった。

　方面地区の調査が行われたのは、1988年8月15日に人形峠事業所がある岡山県上斎原村の残土捨て場で高い放射線測定値が確認され、対応が必要なことが明らかになり、鳥取県の残土捨て場についても調査することになったからである。人形峠事業所は、残土捨て場の放射線測定をやめていたが、外部の研究者が7月中旬から行った測定で高い放射線が検出され、そのことを伝えられたので測定を実施したのである。村の残土捨て場の測定値は、岡山県と上斎原村が動力炉・核燃料開発事業団と1979年に締結した環境保全協定の放射線管理目標値の27倍以上の数値だった。その捨て場は人形峠事業所の構外にあり、事業所から3 kmほど離れているが、近くには民家があった。1988年8月15日に岡山の地元紙『山陽新聞』が「放射性物質含む土砂放置」という1面トップ記事で問題発覚を報じ、翌16日から全国紙でも報道されるようになり、ウラン残土放置問題は社会の大きな関心事となった。

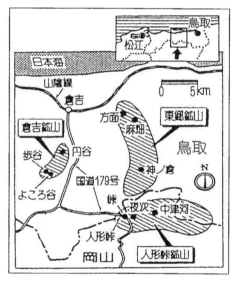

図3-1　人形峠周辺のウラン鉱山

出所：土井・小出（2001: 38）。

第3章　人形峠ウラン汚染事件裁判の教訓と福島原発事故汚染問題　69

　放射能汚染の原因であるウラン残土の撤去について、方面地区の自治会（方面区）とウラン残土を放置してきた動力炉・核燃料開発事業団との間で合意が成立し、1990年8月31日に「ウラン残土の撤去に関する協定書」などの合意文書が交わされた。ウラン鉱石が入ったウラン残土は放射能レベルが高いために、動力炉・核燃料開発事業団が1993年11月から94年3月頃にかけて約290 m³をフレコンバッグに詰め、撤去のために貯鉱場跡地の近くに仮置きをした。ところが汚染原因者である動力炉・核燃料開発事業団は、協定書締結から9年以上の長期間、撤去作業を実施しなかった。そのため1999年12月1日、方面地区の住民が仮置きされていた552体のフレコンバッグのうち1体を取出して、汚染原因者の事業所へ運んで行った。この実力行使はマスコミが報道し、世間の大きな注目を集めたが、それでも汚染原因者は撤去作業を行わなかった。

　そこで方面地区の住民側から汚染原因者に対して、ウラン残土の撤去実施を求める民事訴訟が2つ提起された。協定書を締結した自治会の方面区が原告となって2000年11月7日に提訴した訴訟（「自治会訴訟」と呼ばれている）と、方面区の構成員である榎本益美が同年12月1日に提訴した訴訟（「榎本訴訟」と呼ばれている）である。

　ウラン残土の除去は「自治会訴訟」の原告勝訴によって実現している。同訴訟で方面区は、協定に基づいて被告がウラン残土を撤去することを請求した。1審の鳥取地方裁判所は2002年6月25日に原告勝訴の判決を下し（『判例時報』第1798号、p.128収載）、2審の広島高等裁判所松江支部も2004年2月27日に原審判決を維持し、控訴を棄却した（事件番号は平成14（ネ）78号。最高裁ウェブサイトの裁判例情報に収載）。被告側は上告したが、最高裁判所は2004年10月14日に上告事由に該当しないとして上告を棄却し、撤去請求を認容した原告勝訴判決が確定した（判例集などには未収載）。しかし判決は確定したが、撤去が合意されたウラン残土はすぐには搬出されず、最高裁判決から2年余りも経った2006年11月11日に撤去作業は終了した。

　一方「榎本訴訟」では、1審の鳥取地裁は2004年9月7日に原告の請求の一部を認め、原告住民が所有する土地の利用がウラン残土によって妨害されて

いることを理由として、フレコンバッグ詰めにされた残土の撤去を被告に命じた(『判例時報』第1888号、p.126収載)。被告・原告とも控訴した。2審の広島高裁松江支部は2006年7月19日に判決を下し(判例集などには未収載)、1審が認めたウラン残土の一部撤去命令を取消したが、これは2審審理中の2005年8月29日から9月17日に、被告が1審の撤去命令対象のウラン残土を「自治会訴訟」判決に基づいて撤去していたからである。

　人形峠ウラン汚染事件は、放射能に汚染された環境の中で暮らす地域住民が、汚染物質の除去に関して汚染原因者と合意を獲得し、そして合意に基づく放射能汚染の原因物質除去の実現に、民事裁判が一定の役割を果たした重要な先例である[1]。

写真3-1　方面のウラン残土堆積場で説明を受ける筆者(左。右は、ジャーナリストとして本件を取上げてきた土井淑平。2014年12月、除本理史撮影)

2. 放射能汚染解決への「自治会訴訟」裁判からの教訓

(1)「自治会訴訟」裁判での放射能汚染問題への認識

　汚染物質除去の前提となる放射能汚染の実態は、「自治会訴訟」裁判での審理事項にはなっていない。「自治会訴訟」の争点は、「ウラン残土の撤去に関する協定書」の文書の文言内容に関する民法上の解釈論であったために[2]、放射能汚染は直接の争点とはならなかったのである。ただし1審鳥取地裁判決は「争いのない事実等」のところで、締結された「協定書」の内容を取上げており、放射能汚染との関係では以下が重要である。

　第一に、地区住民に対して「健康障害・環境汚染等」の不安を持たせることは、当事者の間で共通の事実認識であることが、「協定書」の記載事項として取上げられており、この共通認識の事実を前提として裁判が行われたと考えられる。

　第二に、地区住民の不安に対して「実態調査と健康相談等を実施すること」および「残土撤去と運搬作業における安全対策は万全を期すること」が「協定書」に明記されていることも取上げられている。この2点から、ウラン残土が存置されている土地での汚染危険性だけではなく、存置されている土地から距離のある地区住民の居住地などでの汚染の危険性も、裁判では前提事実とされていたと考えられる。

　そして第三に、「残土撤去にかかわる費用負担はすべて原因者の責任とすること」が「協定書」の記載事項として取上げられており、上の2つの汚染危険性に対する責任の所在（汚染原因）に関する事実認識が当事者間で共有されていたことは、裁判所の判断の前提になったと考えられる。

　判決が取上げた「協定書」の記載事項は、放射能汚染の存在を認めた上で、地区住民が「健康障害・環境汚染等」の不安を持つことが当事者間の共通の事実認識であり、そのことを前提としてウラン残土を撤去する合意となったことを示している。この合意に基づく撤去義務が履行期に到達しているとして、裁判所は汚染原因者に撤去を命じたのである。

(2) 浮かび上がる問題——汚染原因者の問題解決能力

「協定書」の文書の解釈について裁判で争点となったのは、「関係自治体の協力を得て」という文言であった。長期間に渡り「協定書」に基づく撤去が実施されなかったのは、ウラン残土の搬入先と想定されていた岡山県が受け入れを拒否し、また他の自治体でも拒否されて、被告が搬出先を確保できなかったためである。裁判所は「協定書」の締結に至る経緯などを審理し、関係自治体の協力については上のような状況があることを事実認定した上で、「協定書」の義務を被告が果たすべき期限が来ていると判断し、原告の撤去請求を認めたのである。

汚染原因者は、「協定書」で約束したウラン残土（フレコンバッグ詰めの残土と、それ以外の残土）全量を、最終的に方面地区からは撤去した。ただしウラン残土のうちフレコンバッグ詰めの残土はアメリカに輸出され、国内処理は行われなかった。また判決確定後、撤去作業が進まなかったため、原告は裁判所に被告への強制執行の申立てをし、裁判所は間接強制を決定した。被告は間接強制金を支払いながら、撤去義務の履行に2年余りもの時間をかけなければならなかったのである。

裁判で認定された「協定書」の内容からは、放射能汚染による健康などへの不安が認められている以上、他の地域が受け入れを拒否することを前提として、汚染原因者が問題解決を行うべきことは当然のことと考えられる。汚染が発覚してから最高裁判決まで16年もの時間があったことを考えたとき、汚染原因者が問題解決に取組む時間は十分にあったと考えられる。そうだとすれば必要なルールは何か。

人形峠事件で放射能汚染のリスクをもたらすウラン残土を処理する場所について、受け入れを打診された地域・自治体に拒否されたために、リスクの「盥回し」という状況が発生したとして、その恒常化を防ぐ制度構築が必要であることが研究者によって指摘されている[3]。リスク盥回しは、上記のように国境も超えたのである。また「自治会訴訟」の判例研究でも、ウラン残土の撤去は受入れ先が決まるまで事実上できないことを認識して、判決評釈が行われている[4]。以上のような立法の不備という指摘、そして民事裁判の

確定判決が執行されない司法の現実に関する指摘を踏まえると、汚染問題発生後の事後的解決のために、原因行為者がどのような能力を持つべきかが明確にされ、そしてそのような能力を持っているのかを、事前にチェックする制度の構築（立法）は必須である。

3.「榎本訴訟」裁判から分かること

　方面地区の住民で、自治会（方面区）のメンバーである榎本は、土地所有権に基づきウラン残土の撤去を求める民事訴訟を提起した。請求内容は、土地の上に置かれているウラン残土を撤去して土地を明け渡すこと、ウラン残土が存置されていることによって土地利用が妨害されていることに対して妨害排除請求権による撤去請求、そしてウラン残土の放射能によって健康被害の恐怖に長年さらされてきたことなどによる精神的損害に対する慰謝料請求である。請求内容との関係から放射能汚染が重要な争点となり、審理過程では原告・被告双方から専門家の意見書が提出され、判決の判断の証拠とされている[5]。

　「榎本訴訟」裁判では、ウラン残土を第1残土（被告によってフレコンバッグ詰めにされて置かれたウラン残土）と第2残土（土地の上にそのまま存置されてきたウラン残土）の2つに分けて、原告請求への判断が行われている。1審鳥取地裁は、第1残土の撤去を認めたが、第2残土の撤去は認めなかった。第2残土は採鉱活動が行われていた時（1958年から1961年までの間）から存置されてきたものであるので土地と一体化しているという被告の主張（附合の主張）を、裁判所が認めたのである。2審判決も附合の主張を認めている。

(1)「榎本訴訟」1審裁判での放射能汚染問題への認識

　1審鳥取地裁は、ウラン残土放射能汚染による土地利用妨害に関しては、第1残土、第2残土とも認めている。

　第1残土は、フレコンバッグの表面線量と、フレコンバッグの置かれている土地の地表1mの空間線量を考慮して放射能汚染を認めている。判決が認

定した放射線量の数値は以下だが、これは被告が測定した1時間当たりの数値を1年間に換算した値である。表面線量（1993年12月2日ないし1994年6月8日測定）は、平均値7.45 mSv/y、最大値26.28 mSv/y、最小値2.28 mSv/y、としている。一方、地表1mの線量（1999年9月29日測定）は、平均値1.84 mSv/y、最大値3.06 mSv/y、最小値1.05 mSv/y、としている（**表3-1**参照）。

判決は、この数値が一般公衆に対する線量限度（外部放射線に係る実効線量が年間1 mSv）を超えていると判断したが、年間放射線量の換算では24時間×365日で計算している。その理由として「土地の利用は、所有者が立ち入るだけでなく、植物の栽培、動物の飼育など多様であることを考えると、土地所有者が当該土地に立ち入る時間帯だけに限定して、放射線量を比較することは妥当とは言い難く、1年当たりの実効線量を算出し、これを規制値と比較するのは、所有権侵害の有無を判断する上で意味がある」からとした。

第2残土について判決は具体的な数値を示さずに、第1残土と同様に被告の測定データを元に、24時間×365日として1年に換算した数値が、地面と地表1mのいずれも「平均値及び最大値において一般公衆の線量限度を上回っており、本件第2残土も、本件第1残土と同様、本件第1土地の利用を

表3-1 「榎本訴訟」1審鳥取地裁で示されたウラン残土の放射線量

第1残土（フレコンバッグ詰めされた残土）	表面線量（1993年12月2日ないし1994年6月8日測定）	地表1m（1999年9月29日測定）
最大値	26.28 mSv/y	3.06 mSv/y
平均値	7.45 mSv/y	1.84 mSv/y
最小値	2.28 mSv/y	1.05 mSv/y
第2残土（土地に置かれたままの残土）	地面の線量（1994年4月25日、5月9日、5月10日測定）	地表1m（1994年4月25日、5月9日、5月10日測定）
最大値	1.8 μSv/h （15.77 mSv/y）	0.6 μSv/h （5.26 mSv/y）
平均値	0.2 μSv/h （1.75 mSv/y）	0.2 μSv/h （1.75 mSv/y）

注：（　）内は24時間×365日として1年間に換算した数値（小数点第3位を四捨五入）。
出所：「榎本訴訟」1審鳥取地裁判決より筆者作成。

妨害している可能性を否定できない。」と判断している。判決の参照書面に記載された被告測定データ（1994年4月25日、同年5月9日と10日に測定）は、地面が最大値1.8 μSv/h、平均値0.2 μSv/hで、一方地表1 mは最大値0.6 μSv/h、平均値0.2 μSv/h、となっている。

　一方、1審判決は放射能による精神的損害を認めなかった。判決は、ウラン残土からラジウムやラドンが発生して周囲に拡散している可能性は認められるとしたが、ラジウム汚染については、原告居住地にまで広がっていることを認めるに足りる証拠がなく、またウラン残土のラドン汚染は、原告の主な生活の場である「梨畑や居住地区の平衡等価ラドン濃度がいずれも10 Bq/m³未満であり、一般人の線量限度とされる20 Bq/m³を下回っている。」とした。

(2)「榎本訴訟」2審裁判での放射能汚染問題への認識

　2審では審理中に第1残土が撤去されたため、放射能汚染問題は、土地利用との関係ではなく、放射能汚染による精神損害の有無という争点で判断された。広島高裁松江支部判決は、原告主張を以下のように否定した（判決「第5　当裁判所の判断」の「6　争点(6)」）。

　第一に、原告に「現実に具体的な健康被害が出ていることは認められないところ（全弁論の趣旨）」、それでも本件ウラン残土から発生するラジウムやラドン等により精神的被害を受けたというためには、「一般的な科学的知見の裏付け」によって、ラジウム等から「人体に悪影響を及ぼすことが相当程度確実に予測される状況であったことが前提となるべき」とする。

　この前提を置いた上で第二に、低線量被曝による人体影響に関する原告主張の根拠である「LNT仮説」（線形しきい値なし仮説）は、「放射線防護の観点から、安全側の評価となることから導入された仮説であり、一般的な科学的知見の裏付けがあるものではない（乙67、乙68）。」としている。

　そして第三に、第1残土表面での実効線量に関する1審判決の認定数値（1年に換算した最大値26.28 mSv/y）を挙げた上で、これが第1残土表面のものであり、また24時間×365日の換算値であること、そして原告が本件土地から

「約1 km離れた場所に居住していること」に照らすと、原告の「生活環境や健康等に危険を及ぼすことが相当程度確実に予測されるような状況にあったとは認められない。」とした。

その上で第四に、「相当程度確実に予測されるような状況にあったとはいえない以上、上記影響に対する心配のみで損害賠償を相当とするような精神的苦痛があったとは認められない。」と結論した。

2審判決では、低線量被曝の健康影響を否定する判断で2つの根拠が示されている。第一に、「広島・長崎の疫学調査によっても、統計的に影響があると認められた最低線量は50 mSv／年である（乙87）。」とする。第二に、原告は50 mSv／年よりも低線量の被曝の場合でも「50 mSv／年以上の被曝の場合と同様の比例関係が存在すると推認される（LNT仮説－甲79）という」が「一般的な科学的知見の裏付けがあるものではない（乙67、乙68）」と、被告側の2つの専門家意見書（乙67、乙68）を引証して、原告側の専門家意見書（甲79）を否定している。

判決が判断根拠としたのは、被告が2審で2005年7月29日に提出した証拠の乙87だが、これは原子力安全委員会が作成した、『討論会「私たちの健康と放射線被ばく——低線量の放射線影響を考える」において寄せられた質問に対する回答について』（2003年9月11日、原子力安全委員会）という文書である。この表紙には、2003年3月14日に開催された討論会で出された質問のうち、討論会の時間内に回答できないので後日答えるとした質問に回答するという趣旨が書かれている。判決文の上記第一の引証部分からは、同文書の原爆生存者（広島・長崎）の疫学調査結果のところが参照されたと考えられる。すなわち同文書「3. 疫学調査」では、白血病については確率的影響に分類され、「特にしきい値に相当する線量値はありません。広島・長崎の疫学調査では統計的に影響ありと認められた最低線量は50 mSvです。」としている（同文書p.6。なお記述は年間線量ではない）。

ところで同文書は別のところで、「現行の線量限度は、実際に放射線の健康影響があらわれるレベルに対してどれほどの余裕があるのか」という質問に次のように回答している。すなわち「原子力施設の周辺監視区域の外側に

対して定められている線量限度、年間1 mSvを生涯被ばくし続けた場合、及び、放射線業務従事者の線量限度、平均値として年間20 mSv（5年間で100 mSvかつどの1年間でも50 mSv）であり、18歳から65歳まで被ばくし続けた場合では、ICRP1990年勧告によれば、確率的影響に関して寄与生涯致死確率（放射線によって加算される確率）がそれぞれ0.4％及び3.6％と予測されます。これらの値は、今日の全死因に占めるがん死亡の割合31％と比べて十分に小さいといえます。」としている（同文書pp.3-4、原文ママ）。この回答部分をどう評価したのかは、判決文では明らかではない。

4. 放射能汚染解決への「榎本訴訟」裁判からの教訓

　「榎本訴訟」裁判からは、放射能汚染に対する民事裁判における認識という問題が浮かび上がる。

　「自治会訴訟」裁判では、当事者が合意した放射性物質の除去・撤去に関する「協定書」で、放射能汚染の危険性と、その責任の所在（汚染原因）について、当事者間で事実認識が共有されていた。一方「榎本訴訟」裁判では、ウラン残土の2種類の区分と、ウラン残土と土地の位置関係によって、汚染影響の評価が行われた。これは裁判での請求内容が、放射能汚染による土地利用妨害の排除と、放射能汚染の危険による精神損害の賠償であったことと、これに加えて、2審裁判の進行中に「自治会訴訟」が最高裁判決で確定して汚染レベルの高い第1残土が撤去されたことが関係していると考えられる。

　1審は、ウラン残土（第1残土と第2残土）による放射能汚染が、ウラン残土がある土地と、その土地に近接する土地で、人の利用を妨害する汚染であると認めた。一方2審は、ウラン残土のある土地および近接土地の汚染ではなく、そこから離れた場所（約1 km）の汚染について精神的苦痛をもたらすものかどうかを判断した。「榎本訴訟」裁判では、低線量被曝の健康影響判断のために、居住地区を中心とした汚染数値評価に焦点が絞られていったのである。ウラン残土汚染への評価は、1審と2審では異なるものとなった。ここでは裁判で提出された証拠に注目して、両判決の判断について考えてみる。

(1) 原告・被告双方の専門家意見書の根拠の違いと裁判所の判断

裁判では、原告と被告の双方から放射線・放射能汚染に関する専門家の意見書が証拠として提出されている。その中に双方の専門家意見書が共通して取上げた論文がある。それは、馬淵清彦「疫学に基づくリスク評価の立場から」（馬淵 1997）である。

この論文は、最後の「まとめ」のところで、「広島・長崎の原爆被爆者の長期追跡による疫学データは、放射線リスク評価において重要な役割を占めてきたが、若年被爆者の加齢とともに、生涯リスク評価にさらに重要な情報を提供するものと考えられる。」とした上で「原爆被爆者疫学データは、線量反応曲線は固形がんについて閾値なしの直線モデル」を強く支持している、と結論付けている。同論文では、最低有意義線量区分を決定する作業を行った結果、最低有意義線量は 0.05 Sv（50 mSv）となったとした上で、今回の「有意義線量のレベルが、従来報告されていたものより低いということは、直線仮説を証明することにはならないが、その証拠を強めるものであろう。」としている。

1審で原告は、低線量被曝の危険性について「確率的影響」の領域であり、そこには「閾値」がないことを主張し、上記論文を根拠として示した。一方被告は、同論文の上記部分ではなく、別のところを参照して低線量被曝の危険性を裏付けるものではない、と主張した。被告が引用している同論文の部分は「低線量リスク評価」を議論するときに疫学データを用いることの難しさを指摘しているところである[6]。

この論文の内容が裁判でどう評価されたのかは、判決文からは明確ではない。1審判決は、注6に挙げた原告・被告双方の専門家の意見書も引証して以下のように判断している（「第四　当裁判所の判断」の「4争点（3）」の「（2）」の「イ」）。すなわち「鉱山等における放射線の管理に関し、以下の知見が認められる。」とし、「（ア）線量限度とは、放射線防護の立場から、放射線の確率的影響には、しきい値がなく発症の確率と線量は比例するとの仮定の下で、確率的影響の危険を個人及び集団全般が許容できるレベルに制限するために設定された被曝線量の上限をいい、国際放射線防護委員会（ICRP）の勧告に

第3章　人形峠ウラン汚染事件裁判の教訓と福島原発事故汚染問題　*79*

基づいて定められている。」とした。この判決内容からは、原告主張の低線量被曝の危険性を前提とし、一般公衆の線量限度を基準として汚染評価を行ったと考えられる。

　これに対して2審判決は、「50 mSv／年」を広島・長崎の疫学調査でも統計的に影響があると認められる最低線量であるとして、原告に対する汚染危険性の評価を行っている。なお判決文は、「50 mSv／年」となっているが、馬淵論文は「0.05 Sv」であって年間表示にはなっていない。また判決が引証している証拠文書（乙87のp.6）も「50 mSv」としていて年間線量ではない。

(2) 原子力安全委員会の低線量被曝の危険性に対する認識と2審裁判

　1審と2審では、低線量被曝の危険性についての汚染基準に違いがあった。このことについて、2審判決が引証した乙87号証の記載内容から考察する。乙87号証は、原子力安全委員会が作成した文書である。原子力安全委員会は、国の原子力規制行政の在り方などについて、基本的な考え方を決定する審議会であるから、放射線被曝に対する行政の考え方を示す文書と考えられる。なお乙87号証は、2審で被告が提出した証拠であるから、1審裁判では判決の判断資料とはなっていない。1審裁判は、2004年4月27日に口頭弁論が終結しているが、被告がこの証拠（2003年9月11日と表記されている文書）を1審で提出しなかった理由は明らかではない。

　乙87号証は、先に3.(2)で紹介したように、確率的影響に関して、年間1 mSvを生涯被曝し続けた場合と、放射線業務従事者の線量限度（5年間で100 mSvかつどの1年間でも50 mSv）の平均値である年間20 mSvを18歳から65歳まで被曝し続けた場合について、寄与生涯致死確率（放射線によって加算される確率）が存在することを認めている。しかもこの説明からは、被曝期間は違うが、年間1 mSvの場合よりも年間20 mSvの場合に致死確率がはるかに高いことが示されている。乙87号証のこの内容を踏まえると、低線量被曝の健康影響について年間50 mSvを基準とした2審判決は、根拠づけに問題があると考えられる。被告提出証拠が危険性の存在を否定していない以上、低線量被曝による健康影響の可能性は裁判で十分に証明されていたと評価で

きるからである。

(3) 裁判で考慮されるべき被曝影響について

　2審判決は、原告に「現実に具体的な健康被害」が出ていないと判断し、さ
らに、第1残土の表面線量の年間換算の最大値が26.28 mSvであることや、
原告居住地と離れた所に残土が置かれていることを前提として、健康等に危
険を及ぼすことが「相当程度確実に予測されるような状況にあったとはいえ
ない」として、損害賠償を相当とするような精神的苦痛があったとは認めら
れないとした。しかし双方の立証内容からは、日常的な不安による精神的苦
痛の可能性は認めることができたと考えられる。というのも低レベル放射線
被曝による健康リスクの可能性は、上記(1)、(2)のように被告提出証拠でも
示されていたからである。裁判で原告は、放射線被曝による影響を日常的に
心配して生活することで精神的苦痛を受けていると主張としたのだから、リ
スク可能性が否定されていないことを判決は法的に評価すべきであったと考
える。

　裁判ではウラン残土が置かれている土地での土地利用の際の被曝影響(1
審は評価した)と、原告の居住地での被曝影響の、両者が考慮されるべきであ
る。というのもこれらの土地はいずれも原告の生きていく空間だからである。
また原告がウラン残土による放射能汚染に暴露された時間が、被告によるウ
ラン探鉱終了の1961年からウラン残土撤去終了の2006年11月11日(第1残
土は2005年9月17日)までの長期間に渡ったこと(2審の口頭弁論終結2006年4月
19日でも45年にもなること)は、「日常的な不安」が存在する評価事実として、
裁判では考慮されるべきだったと考えられる。本件で引証されている汚染測
定データは、1961年に被告がウラン探鉱を終了してから2000年の提訴まで
の期間の継続的観測データではなく、40年という時間の中での一部の時点
(相対的にはわずかな時間)での測定データであることに留意すべきである。

第3章　人形峠ウラン汚染事件裁判の教訓と福島原発事故汚染問題　*81*

5. 福島原発事故による放射能汚染除去に関する裁判例

　福島原発事故による放射能汚染に対して、放射性物質除去を求める訴訟が提起された。いわき市北部にある山林などが、福島原発事故による放射能で汚染されていることに対して、2011年10月6日、山林などの土地所有者が汚染原因者である東京電力を被告として「土地を汚染した放射性物質を除去」するよう請求する民事訴訟を東京地方裁判所に提起した。東京地裁は2012年11月26日、原告の請求は権利濫用であるとして請求を棄却した（『判例時報』第2176号、p.44収載）。原告は控訴したが、2審の東京高等裁判所は2013年6月13日に1審判決を取消し、控訴人（原告）の訴えには、被告人が行うべき作為の内容が特定されていないので訴えが不適法であるとして請求を却下した（判例集などには未収載）。

　放射性物質の汚染除去は、2011年8月30日に「平成二十三年三月十一日に発生した東北地方太平洋沖地震に伴う原子力発電所の事故により放出された放射性物質による環境の汚染への対処に関する特別措置法」（放射性物質汚染対処特措法と略称）が公布され、国や自治体による放射性物質の除去作業が行われている。汚染物質除去について行政による取組みが進行するなかで民事裁判は行われたのだが、裁判所は汚染除去を認めなかった。本件土地の面積は2審判決で約32万9822 m^{2}と認定（1審判決の約27万m^{2}を訂正）されており、これだけの広さの土地の放射能汚染問題は、裁判では解決されなかったのである。この裁判が示す問題を見ていく[7]。

(1) いわき市事件の放射能汚染問題解決に関する裁判所の認識と問題

　原告は、本件土地の7か所で2011年8月3日に実施した空間放射線量率の調査結果と、土地の土壌汚染の調査結果を証拠として提出している。空間線量は毎時、地上1 mの最高値が0.915 μSv、最低値が0.475 μSvであった。また、同一箇所の地表線量は毎時、最高値で1.145 μSv、最低値は0.642 μSvであった。土壌のサンプリング調査結果は、セシウム134とセシウム137の合計で最も高い数値は3万8800 Bq/kgが検出されたとした。原告は、

82

これをチェルノブイリ原発事故の汚染と対比するために Bq/kg を Bq/m^2 へ換算すると、162.6万 Bq/m^2 になるとした。一方、被告も2012年4月5日に現地調査をし、地上1mの空間線量毎時0.34〜0.86 μSv という結果を証拠提出している。1審判決では、双方が提出した地上1mの空間放射線量率は事実として認定されたが、土壌汚染については直接の判断はされていない。

原告は、土地の空間放射線量率が毎時 0.046 μSv になるまで、放射性物質を除去することを被告に請求し、この数値は福島市の平常時の最大値だが本件土地でも自然界に存在する放射性物質の数値であると主張した。これに対して被告は、現地調査の数値は原発事故後の福島市役所の2012年3月の空間放射線量データ(毎時1μSv前後)と比較して低いと主張した。

1審判決は、空間線量から本件土地の放射能汚染の存在は認めたが、原告の請求は権利濫用であるとして、汚染除去の請求を認めなかった。権利濫用の判断根拠は、除去費用と本件土地価格の比較、社会的影響(除染の優先度の高い土地の作業の遅れ、そして除染残土を処理できずに二次汚染の危険発生)の可能性、そして汚染による本件土地の経済的価値下落の損害は賠償を求めることが可能であることである。

2審判決は、放射性物質除去の具体的な方法を、被告の作為の内容として特定することが必要だが、原告(控訴人)が示していないので原告請求は不適法であるとした。判決では、政府の取組み状況を根拠に、森林等の除染方法が試行錯誤の段階にあり、汚染土壌等の除去物質の中間貯蔵や最終処分までの方法が未確立であることが、記述されている。原告は、放射性物質について専門的知見を持っていないから具体的な方法の特定はできず、法的救済が受けられないことになると主張したが、裁判所はこれを認めなかったのである。

広範囲の放射能汚染問題に取組むために制定された放射性物質汚染対処特措法と、同法に基づく放射性物質除去の取組みが行政によって進められている中で、汚染除去作業の対象となっていない本件土地の汚染問題に対して、裁判所は汚染原因者の法的責任の判断を回避したのである。原子力発電所の事故によって生じた放射能汚染が継続する問題について、被害者と加害者が

第3章　人形峠ウラン汚染事件裁判の教訓と福島原発事故汚染問題　　*83*

争う民事裁判では解決できないと考えた判決と言える。しかし、立法と行政が取組みの対象としていない土地の汚染について、司法が判断を回避するとすれば、財産権制度の根幹である土地の人為的放射能汚染継続が放置される法治国家となってしまう。

(2) 汚染原因者の問題解決能力への裁判での評価

　裁判で原告は、放射性物質の除去の方法は、除去の技術の進歩で変わりうるから、放射性物質で汚損した被告がその最も効率的な方法を選択すればよいと主張した。また一度の除染で不可能でも、原告主張の数値に達するまで安全性の保たれた方法で除染を継続すればいいので、汚染除去が不可能とはいえないと主張している。

　これに対して被告は、今回の事故によるすべての放射性物質の「除去」に対する現実的な除染方法はなく、原告の請求する線量まで下げることは、あらゆる除染方法を講じたとしても実現することが不可能であるとした上で、除去の具体的な方法は、特定しようとしても特定できないのが実態であると主張している。被告は証拠として環境省が実施した除染モデル実証事業の結果報告（2012年6月）を示し、本件土地の空間線量率と比較的近い森林での効果は一定の低減に留まっているとして除去の不可能を主張したが、被告自身の除去行為に関する事実の立証をしているのではない。被告は不可能の主張をしつつ一方で、除染による空間線量の目標値を毎時 0.23 μSv（追加被曝線量年間 1 mSv）として、除染費用の試算結果を証拠として提出し、これは1審判決では事実認定されている。この証拠は原告請求の目標値とは大きく異なるが、除去方法と必要経費を検討する能力が被告にあることを示していると言える。

　被告の以上の主張・立証を考慮すると、汚染原因者が汚染問題解決のための方策の策定、そしてその実施能力を持っていないことが示されたと、裁判で評価できるのだろうか。原告が、目標数値の達成期限について、どのくらいの長さの時間を考えていたのかは、裁判では検討されていない。除去作業の継続を求めている点を考慮すると、時間軸を設定しての除去可能性と被告

の能力とを検討することは、裁判の審理では必要だったと考える。

　原子力発電所事故による放射能汚染問題について、その解決方法の策定能力が原因者にあるのか否かを評価する作業は、民事裁判では必須である。原子力発電事業者と一般人（法人も含め）の間で放射線問題に関する専門知識の能力差があるときに、それを前提事実として、被告の汚染解決の能力と可能性について審理がなされない場合には、審理不十分の裁判と評価せざるをえない。2審のように、汚染被害者の側が汚染解決の具体的な方法を特定しなければならないとし、汚染原因者の方法策定と能力についての審理を行わないとすれば、深刻な原発事故の汚染による私人間の紛争について、私的紛争解決の役割を担い、そのための権力を持つ裁判所が役割を放棄することになる。

(3) 汚染された空間に対する裁判での認識

　1審判決は、本件土地は登記簿上の地目が山林あるいは原野であり、被告が提出した現地調査報告の証拠を引証して、本件土地のほとんどが雑木林の山林と認定した。ところで原告が提出した証拠の現地調査報告では、最も土壌汚染の高い値が出た採取場所の林へ入るために、本件土地のそばを通っている市道から「赤道」（公図道路）へ調査者が入っていることが記されている。したがって本件土地は、人が入るための道のある山林空間であり、人が立ち入る可能性のある土地であることが示されていたのである。土壌汚染について、判決では直接の判断が行われていないが、人が立ち入る空間である以上は、審理過程で正確な検証と、その汚染影響の評価が行われるべきであったと考える。

　人が立ち入る山林空間である本件土地の周囲は、どのような空間なのか。1審判決は判決文の最後のところで、小中学校が本件土地の西側約500mの所にあることを取上げている。小中学校の所在地と本件土地との位置関係は、被告が提出した現地調査報告の添付図面で示されている事実であり、原告はこの位置関係について主張・立証で取上げていない。さらに被告が提出した添付図面には、本件土地の周囲四方に道路があること、そして小中学校から

東に直線で約400 m余りの所に地域の集会所があることも示されており、集会所は本件土地に近接していることが分かる。被告提出の地図図面は、マピオンなどのウェブ上で見られるものであるから、本件土地の周辺空間がどのようなものかは、裁判官も容易に知ることができたはずである。

被告は「答弁書」で、政府の原子力災害対策本部が策定した「市町村による除染実施ガイドライン」(2011年8月26日)が、「家屋・庭、道路などの生活圏、特に子どもが利用する学校、公園などの施設における除染は優先順位が高く、森林については生活圏に近い部分の除染が効果的と想定されます。」としていることを根拠に、土地の使用収益の状況によって除染の必要性の程度は異なると主張した。「答弁書」は2011年12月に提出されているが、その後、被告は2012年4月に現地調査を行って、証拠のなかで小中学校の位置を示したのである。本件土地周囲の道路(県道と市道)に面して、家屋、商店、食堂、農地があり、道路は通学路としても使われている。上の被告引用部分からすれば、裁判では本件土地周辺の地域の生活や学校教育を視野に入れ、汚染除去の必要性を地域環境との関係で審理することは、必須だったと考えられる。本件土地の土壌汚染データが高いと原告が主張している以上、汚染された土壌が周囲に拡散する危険性は当然想定できるから、除去の必要性を判断するために、本件土地が存在する空間がどのようなものであるのかは重要な評価事項である。

---

6. 福島原発事故汚染事件で人形峠ウラン汚染事件から学ぶこと

---

(1) 人形峠「榎本訴訟」裁判から学ぶこと

「榎本訴訟」裁判では、放射能汚染のリスクに関する原告・被告双方の専門家の意見書に基づく立証作業で[8]、年間1 mSvを超える健康リスクは被告側が提出した証拠からも明らかになっている。いわき市事件でも、当事者双方が提出した測定データが年間1 mSvを超える空間線量を示している以上、人為的汚染が継続し、健康リスクが存在することは、裁判では明らかだったと言える。

いわき市事件で汚染原因者の被告は、汚染除去の方策と費用に関する試案・試算を証拠として提出したが、その目標数値は毎時0.23 μSvとし、この数値で追加被曝線量年間1 mSvとしたが、これは屋内にいる時間を想定して計算した数値である。これに対して、「榎本訴訟」1審判決は、人為的放射能汚染による土地利用妨害の評価では、24時間×365日での年間放射線量の計算をしている。その理由が「土地の利用は、所有者が立ち入るだけでなく、植物栽培、動物飼育など多様である」とされているが、これは土地の所有制度からは当然の評価である。

このような評価方法を否定することは私的所有権の根本を否定することになる。人為的放射能汚染が存在しないときに権利を取得した土地所有者にとって、人為的放射能汚染がないことは所有土地の当然のあるべき状態であるから、上記の評価方法は汚染問題に関する私人間の民事裁判では当然のことである。「榎本訴訟」判決の年間換算の方法をいわき市事件に当てはめると、地上1 mの年間空間線量は、最高値も最低値も、人形峠事件の第1残土（フレコンバッグ詰め）と第2残土のいずれの数値よりも高い。

(2) 人形峠事件での当事者間協議と合意から学ぶこと

いわき市事件の裁判で、深刻な汚染の存在が明らかになっていることを踏まえると、人形峠事件からは次のことを学ぶべきである。人為的放射能汚染による被害の発生の危険性をなくすために、汚染原因者と汚染被害者および汚染地域の住民が協議して、汚染物質の撤去の具体策について合意形成を行うことである。その際、人形峠事件では原因者と被害者の間で、「健康障害・環境汚染等」の不安を持つことが共通認識とされていたことを想起すべきである。ウラン残土が置かれた土地だけではなく、その土地から一定の距離にある地区住民の居住地などでの汚染危険性と不安についても、当事者間で認識が共有されていたことは重要である。このような共通認識を前提とする取組みの合意と実施が、放射能汚染紛争の継続と深刻化を防ぐためには必須の取組みである。

人形峠事件でウラン残土が置かれていた方面地区の土地は、鉱山のように

イメージされるかもしれないが、実は方面地区の集落とつながる里山と呼ぶべき空間である。一方いわき市事件の土地は山林が中心だが、その周囲には生活空間が広がっている。土地に近接した地域集会所の近くには「山ノ神」の鳥居があり、鳥居から階段を上がれば祠があって、地域で利用されている山の空間の中に事件の土地は存在している。福島原発事故によって放射能で汚染された山林では、山の生活に深刻な影響が続いていることが明らかにされている[9]。山林の土地から、汚染された土、枝、葉、草などが、他の所有者の多様な利用がなされている土地に移動した場合に、それらの汚染された「物」は誰が除去するのか。汚染原因者が対応しなければ、地域の中で多様な紛争を発生させることになる。したがって汚染原因者が、土地からの汚染拡散問題に対処するべく汚染調査と飛散防止などの対策を実施することは、紛争予防のために当然果たすべき責任である。

(3) 福島原発事故汚染問題で取組むべきこと

　福島原発事故による放射能汚染に対して、放射性物質汚染対処特措法では、放射線量の比較と行政区域区分で除染対象を決め、放射性物質の除去を行政が進める仕組みである。いわき市事件からは、同法の取組みが、対象地域の線引きによってもたらす矛盾は明らかである[10]。存在する汚染された「物」が、空気や水、そして多様な生物に媒介されて飛散・拡散することは、当然想定される。隣接する土地が放射能で汚染されている場合に、その土地の汚染対策が行われないとすれば、近隣の人々は汚染された空間で、生活・生産などの人としての活動を余儀なくされる。

　いわき市事件裁判では、土地の放射能汚染に対する汚染原因者の除去責任と対処策・対処能力に関しては、直接の具体的審理が行われていない。しかし汚染の存在と土地への加害行為自体は、当事者双方が提出した証拠を元に、1審裁判では認められていた。判決が損害賠償という方法があることを原告の権利濫用の判断根拠として挙げているからである。

　福島原発汚染問題では、汚染データの継続調査を行うことは、汚染原因者が果たすべき最低限の法的責任である。いわき市事件で原告は、サンプリン

グ調査結果を証拠として土地の土壌汚染が深刻であることを主張したが、被告は反証しなかった。裁判で、被告の汚染原因者が自ら現地で汚染測定調査を行った事実を踏まえれば、土地所有者と協議の上で、汚染原因者による汚染調査の取組みを継続することは可能なはずである。汚染調査の対象を空間線量だけではなく、土や水にも広げることは必須である。いわき市事件の土地から流れ出る水は、沢筋や水路などを通って土地の南側を流れる川に移動するが、その川は東隣の自治体で他の河川と合流しており、最後は太平洋に出て行くのである。

　人形峠事件で方面地区住民は、生活する山の空間の環境回復に取組み、当事者間交渉と民事裁判で汚染原因者の対策実施を実現した。福島原発事故汚染で地域環境回復のために、人形峠事件の取組みの経験から学び、汚染原因者による汚染対策実施が実現されなければならない。

注

1　裁判も含め、問題解決までの経緯などは、土井・小出（2001）、小出・土井（2012）を参照されたい。また「榎本訴訟」の原告の苦悩について、榎本（1995）を参照されたい。

2　「自治会訴訟」裁判の法的論点は、荏原（2005）、渡辺（2003）を参照されたい。

3　坂井・及川（2007）は、「自治会訴訟」判決が提示する法政策課題を指摘する。

4　荏原（2005）と渡辺（2003）を参照されたい。

5　1審鳥取地裁での裁判進行と裁判での当事者の主張は、片岡（2014, 2015）を参照されたい。放射能汚染に関する主張・立証と判決については、片岡（2015: 72-83）を参照されたい。

6　1審で原告が提出した専門家の意見書「甲第67号証」は、同論文を参照して「広島・長崎の原爆被爆者データは、図に示すようにむしろ低線量になるに従って、単位線量あたりの被曝の危険度が高くなる傾向を示している。」と記述する。これに対して被告が提出した専門家の意見書「乙第68号証」は、論文のコピーを添付した上で、当該論文は、「3枚目（学会誌頁の7頁目）に『即ち、低線量域でのリスク推定値の解釈には多くの不確実性がつきまとい、見かけ上の値を受け取り難い場合が多い。これらは、低線量域でのリスク評価に用いる場合の大きな問題点で、原爆被爆者データのみならず、他の疫学データにも当てはまることである。』と明記」してあって、「『低線量では他の交絡因子により、疑似的な結果が出る』ことを示すために提示されたもの」であるから、原告意見書は「論文本来の主張と異なる主張を行っているものである。」と記述する。

7　この裁判の進行と当事者の主張の詳細は、片岡（2016）を参照されたい。

8 いわき市事件裁判では、立証作業で放射能汚染問題に関する専門家による意見書提出は行われていない。専門家が関与しない裁判が問題把握の限界を持っていることを、この裁判は示していると考える。

　日本の公害・環境問題の歴史を振り返ると、裁判で専門家が果たした役割の重要性は公知のことである。そしてまた医学などの領域での被害者に対する取組みに深刻な問題があったことも公知のことである（小田編 2008）。

9 金子祥之は、「ヤマの生活」が、市場で評価される森林の経済価値では把握できない、人の生存基盤としての山野の価値であることを明らかにしている（金子 2015）。それが守られるべく、山野の放射能汚染が継続することに対して、幅広い法領域での対応が必要である。

10 放射性物質汚染対処特措法の問題点や汚染への対応の限定性については、神戸（2015）を参照されたい。

文献

榎本益美，1995，『人形峠ウラン公害ドキュメント』北斗出版．

荏原明則，2005，「ウラン残土撤去訴訟」『法令解説資料総覧』第279号，pp.136-139．

小田康徳編，2008，『公害・環境問題史を学ぶ人のために』世界思想社．

片岡直樹，2014，「ウラン残土放射能汚染による土地利用妨害排除の裁判――『榎本訴訟』第1審について」『現代法学』第26号，pp.51-86．

片岡直樹，2015，「ウラン残土放射能汚染による土地利用妨害排除の裁判―「榎本訴訟」第1審について（その2）」『現代法学』第28号，pp.31-94．

片岡直樹，2016，「放射能汚染除去に関する民事裁判が提起する法の課題――いわき市放射性物質除去請求事件の裁判から考える」『現代法学』第31号，pp.3-43．

金子祥之，2015，「原子力災害による山野の汚染と帰村後もつづく地元の被害――マイナー・サブシステンスの視点から」『環境社会学研究』第21号，pp.106-121．

神戸秀彦，2015，「民事訴訟における除染請求について――原状回復との関連で」淡路剛久・吉村良一・除本理史編『福島原発事故賠償の研究』日本評論社，pp.241-255．

小出裕章・土井淑平，2012，『原発のないふるさとを』批評社．

坂井宏介・及川敬貴，2007，「ウラン残土撤去請求事件――鳥取地裁平成一四年六月二五日判決」『環境法研究』第32号，pp.54-59．

土井淑平・小出裕章，2001，『人形峠ウラン鉱害裁判――核のゴミのあと始末を求めて』批評社．

馬淵清彦，1997，「疫学に基づくリスク評価の立場から」『保健物理』第32巻第1号，pp.5-8．

渡辺達徳，2003，「地元自治会が核燃料サイクル開発機構に対し，協定に基づき同地区内に放置されたウラン残土の撤去を求める請求が認容された事例（鳥取地判平成14.6.25）」『判例時報』第1824号，pp.168-171．

第4章　鳥取の新しい環境運動をたどる
――青谷・気高原発立地阻止とウラン残土放置事件から3・11後へ――

土井妙子

　福島第一原発事故のかなり以前から、日本各地で脱原発運動が展開されてきた。その中で本章は鳥取の運動を取り上げる。当地では、1980年代に青谷・気高原発立地阻止運動に成功し、その後も形を変えながら現在まで運動が続いている。運動の成功がほぼ確実になったころ、人形峠ウラン残土放置問題がもちあがり、さらに3・11後は新しい運動の担い手が合流した。今日でも新旧のメンバーがともに原発立地阻止の決め手となった青谷の共有地に芋を植えるなどの活動をしている。これらは、原子力をめぐる地域での取り組みの経験を、世代を超えて継承していこうとする好事例だといえよう。

1.　鳥取の新しい環境運動の源泉

　福島第一原発事故によって、これまで原発に無関心だった多くの国民はその危険性を知ることになり、各地で脱原発運動が展開されている。3・11以降、可視化できた最も大きなイベントは、2012年夏に起こった。同年5月5日、日本では原発稼働数がゼロとなったものの、7月1日の関西電力大飯原発3号機の再稼働を控え、前後に反対意識が噴出したのだ。以下、主催者発表によると2012年6月29日の官邸前デモには約15 〜 20万人（警視庁によると約1万7000人）[1]、同年7月16日、代々木公園における「さようなら原発10万人集会」では17万人（警察関係者によると約7万5000人）[2]、約2週間後の7月29日、「7.29脱原発国会大包囲」では国会議事堂前に約20万人（警察によると1 〜 2万人）が集まったとされる[3]。1960年安保闘争以来の規模であり、全国各地においてもデモが発生している[4]。

2017年現在、各地の目に見える運動は当時ほどの熱気はないものの、脱原発の意識は多くの国民に根付いているといえよう。小規模になったとはいえ毎週金曜夜の国会前でのデモや[5]、筆者の地元である金沢市においても、参加者は少人数ながら毎週金曜夕方のデモが現在も続いているのだ。全国的な世論調査においても国民多数の脱原発意識が確認できる。日本世論調査会によって2015年9月に実施された世論調査では、原発の再稼働に反対する人は58％、賛成する人は37％であった。さらに、再稼働した原発で事故が起こった場合、計画どおり避難できるかとの設問で、「できるとは思わない」「あまりできるとは思わない」が計74％となり、「ある程度」を含めて「できる」とした計25％を大きく上回っている[6]。朝日新聞によって2017年1月に実施された世論調査においても、原発の再稼働に反対する人は57％、賛成する人は29％であった[7]。こういった量的な調査に表れるとおり、国民多数が再稼働に反対する中で、本章では3・11以降の環境意識の変動の一端を個別事例から具体的に跡付けたいと考える。ここで取り上げる鳥取県内の事例は、3・11を契機として新旧の環境運動の担い手が合流し、環境自治の思想を継承している好事例と考える。

　最初に取り上げる鳥取県気高郡青谷町と気高町（現在は両町とも鳥取市）の事例は、原発建設計画が浮上しながら計画が撤回されたり、着工に至らなかった地域のひとつである。こういった地域は、全国に50ほどあるとされる（平林 2013: 37-39）。青谷・気高では1970年代末に計画の存在を知らされた後、1980年代には約10年間にわたって阻止運動が繰り広げられ、立地計画の炉心部近くにあたる土地を共有地化し、立地は阻止されてきた。計画公表前に立地阻止運動が成功したことで、地域は分断せずに現在に至る。この反対運動を牽引した土井淑平は、各地の立地阻止運動から学び、「電力会社がいったん土地決定・公表したら、国のテコ入れもあって死ぬまで食いついて離さない」と短期決戦を心掛けていたという[8]。

　比較して、たとえば筆者の住む石川県の珠洲市では、1975年10月に市議会全員協議会において原発誘致のための調査要望書を国に提出することが決まり、原発誘致をめぐって地域内で、時に家庭内においても推進派と反対派

に分裂するなど、2003年の電力会社による計画断念まで厳しい対立が生まれた。珠洲市を含む能登地方は、2011年に世界農業遺産に指定されたものの、過疎の進む地域の展望をどのように開けばよいのか、厳しい課題が残っている[9]。

　鳥取では青谷・気高の立地阻止運動が成功した時期に、ウラン残土放置問題が発覚し、運動はそちらに向かっていく。裁判闘争を経てこの事件が「解決」したのが2006年である。こういった過去を踏まえ、3・11後の新しい環境運動として、女性が中心となっている運動団体と、青谷の共有地に芋を植え、運動の意義を継承する活動を取り上げる。これらの運動は、運動団体や人物が重なっており、3・11後は新旧の運動体が合流して面的な広がりを見せている点が特徴的である。

　こういった3・11以前と以後の運動の合流という類似の事例としては、第5章で取り上げられている原発立地自治体の東海村が挙げられる。原発に無関心だった主婦が事故以降、以前からの運動に学びながら合流しており、当地でも運動層の広がりが確認できる[10]。同類の事例があるとするならば、脱原発運動における新旧運動の合流は、3・11後のひとつの特徴として捉えてよいのではないかと考える。

　鳥取の新旧運動にかかわり、双方を架橋させる役割も担っている土井淑平は、1941年鳥取市生まれである。ジャーナリストとして1980年より鳥取の支社に戻り、定年まで鳥取県内に勤務している。青谷・気高原発立地阻止運動やウラン残土事件では、土井が積極的に情報収集をし、運動の戦略を作り上げている、いわばキーパーソンである。土井は、社会人3年目の1967年から2年間、四日市に勤務しており、ちょうど裁判提訴がなされた1967年に四日市の反公害運動家・澤井余志郎（1928-2015）と知り合い、一緒に患者の聞き取りなどをした、「澤井学校」の弟子でもあるのだ。いわば運動のプロといってよい13歳年上の澤井からは、職業人と市民との両方の活動の分け方も学んだという。四日市を離れてからは頻繁に会っていたわけではないが、著書を交換したり、資料をやりとりするなどの交流が続いていたことは、双方からお聞きしている[11]。何の見返りも期待せずに反公害運動を継続さ

94

せた澤井と交流があった土井の活動を織り交ぜながら、以下、鳥取の環境運動の歴史をたどり、現在までの変動を確認してみよう。

2. 青谷・気高原発立地問題

最初に取り上げる事例は、1970年代末から約10年間にわたって展開された、気高郡青谷町・気高町での原発立地阻止運動である。70年代末に青谷町と気高町にまたがる地域への原発立地計画の情報があり、地元住民たちは反対運動を繰り広げた。最終的には1989年に計画されていた炉心付近の土地を約200名で共有化し、立地阻止に成功している[12]。

中国電力の立地計画は公式には発表されておらず、内部から漏れて知らされた。公式に発表されてしまったら絶対に撤回しない、しつこく反対派を切り崩していくという反対派の危機感があり、発表される前に先手必勝をと考え、運動を展開したという。運動が熱心に繰り広げられた最初の2、3年間で地元の強固な反対意思を対外的に見せることができたために電力会社側が諦めたのではないかといわれている。同時に、1982年、青谷町長は立地反対を表明しており、その直後には青谷町議会においても建設計画に反対する「青谷原発に関する意見書」を全会一致で採択し、保守的な地域内では反対運動を後押しする土壌ともなったといわれる。県内各界を代表する300人による立地反対の共同アピールも効果的だったのではないかとされている。さらに1980年代末に炉心付近の土地を共有化することでさらに確実となった。阻止運動では、各種団体・個人が講演会を主宰したり、学習用の小冊子を作成し、配布したりしており、住民同士の学習会によって成功した三島・沼津コンビナート誘致阻止闘争を彷彿とさせる[13]。当時、気高郡には、青谷町・気高町・鹿野町があり、青谷町の人口は約9600人、気高町は約9800人だった[14]。現在は3町とも鳥取市に合併されている。

(1) 初期の立地阻止運動

10年間にわたる運動の中心は、1982年3月に結成された「青谷原発設置反

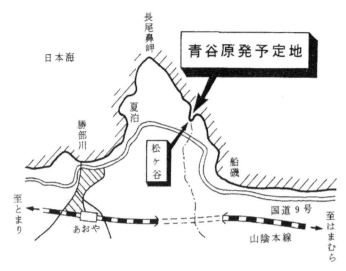

図4-1　青谷・気高原発の立地予定地
出所：鳥取県気高郡連合婦人会（1983: 39）。

対の会」と、従来からの団体であった「気高郡連合婦人会」および「鳥取県総評議会」（県総評）だったとされる。労働団体は前面に出ずにバックアップしようという戦略だった。気高郡連合婦人会は、以前より食品問題などに熱心に取り組んでいたり、1970年代には公害問題を引き起こす地元の2件の工場立地に関して署名活動などをして阻止しており（生越編 1985: 46）、青谷・気高の立地阻止運動を推進する基盤があった。残念ながらすでにお亡くなりになっており、筆者はお目にかかれなかったが、近藤久子・鳥取県連合婦人会会長や村上小枝・気高郡連合婦人会会長という当時傑出した女性たちがいたと土井は回想している[15]。

　立地計画に関しての最初の新聞記事は、1979年6月15日、日本海新聞の「青谷も候補地だった？　あす『原発を考える集い』」との見出しのものである。その翌日、「原子力発電の公害を考える会」は、京都大学原子炉実験所の小出裕章を講師に「私たちは原子力発電と共存できるのか」というテーマで講演会を開いた。この講演会は、県会議員の吉田達夫が県総評・原水爆禁止鳥取県民会議などの後援を得て開催し（小出・土井 2012: 84-89および土井への聞

き取り調査より）、村上・気高郡連合婦人会会長や副会長らも参加した（鳥取県気高郡連合婦人会 1983: 119）。小出の「原発は人類と共存し得ない」という講演の結論を受け、村上は、「いのちとくらしとふるさとを守る」を一貫した活動目標に掲げてきた気高郡連合婦人会としてこの問題に取り組む決意をしたという。同年11月および1981年5月に開催された気高郡連合婦人会大会においても、原発問題を学習しようと同じく小出裕章を講師として招いている。講師を招いて勉強をするだけではなく、青谷・気高問題が浮上した1979年以降、婦人会役員らは、『原発ジプシー』『原子炉被曝日記』『働かない安全装置——スリーマイル島事故と日本の原発』その他、出版されている原発関係の多数の書籍を講読し、学習を積み上げていた（生越編 1985: 40）。

　一方で1981年1月には、島根2号機増設計画に伴う第1次公開ヒアリング阻止闘争があり、鳥取を含む中国5県から労働者6000人が集結したとされる[16]。この大規模な運動は実を結ばなかったものの、当時の鳥取県中部地区総評議会事務局員だった三好利幸によれば、その時の運動の熱意は青谷・気高立地阻止運動に向かったという[17]。既存の労働団体のほうではすでに直接的な反原発運動の経験があり、運動の基盤が準備されていたのだ。

　1980年7月1日の県議会において、自民党の代表質問の中で、原発誘致の議論がされ、それに対して平林知事は「今日、石油に代わる代替エネルギーとして身近にあるのは原子力なので、関係者から相談があれば、立地を予定する自治体の意向は聞かせていただくが、県として積極的に応じていきたい」と答弁した。公式の場での原発誘致の発言はこれが最初とされる。1980年12月、青谷町青年会議所が行った住民の意識調査の中に、原発誘致を誘導するとも受け取れる設問があった。この頃、水面下には建設計画があるような動きが続いていたのだ。当時、共同通信社に勤務していた土井は、1980年暮れに中国電力労働組合から青谷原発立地の青写真ともいえる情報を得て、婦人会や県総評など各方面に知らせていたという。1981年3月7日、日本海新聞に「原発建設、青谷も有力候補地」との記事が載った。土井は、同紙の知り合いの記者と相談してその記事を掲載したのだ。同日、共同通信社からも土井の書いた記事「候補地に長尾鼻」が配信され、中国新聞に載せ

られた (小出・土井 2012: 84-89)。

いよいよ建設計画が確定的と知らされて以降、本格的な反対運動が展開された。たとえば、気高郡連合婦人会は、1981年6〜8月頃、宝木地区において校区ごとに小学習会を開いたという。婦人会員自身が講師となり、スライドも使って、膝を突合せての学習会だった (土井 1988: 288-289 および土井への聞き取り調査より)。当時、気高町宝木地区婦人会会長だった岩田玲子は、この婦人会の活動として1981年7月から8月にかけて宝木地区内の計8か所で学習会を開催し、100人ほどに話をした。地区の婦人会会報には、大勢に一度に説明をするより、少人数の学習会だったため各人へ浸透したと思うという感想や、原発の恐ろしさを知り、積極的に反対しようという女性たちの意見が載せられている[18]。岩田は、地域内には原発立地賛成派が多くてたいへんだった、婦人会だけではなくて、青年団や新婦人の会の方たちとも一緒に活動したと回想する[19]。

婦人会としては、地区内にとどまらず、県全体の取り組みでもあったことが、鳥取県婦人新聞から跡付けられる。たとえば、1981年5月10日付の同新聞1面では、「『青谷原発』に論議集中 気高連婦代議員総会 海を空を土を私達に汚す権利はない より一層警戒を強めよう」とのタイトルで、気高郡連合婦人会の会合において、スリーマイル島事故後に乳幼児の死亡や奇形出産が増えていたり、平常時でも排気塔や温排水から絶えず放射能が環境にばらまかれているなどの記述のあとに「いのちと暮らしを守るという婦人会の目的を再確認し」たとまとめられている。同じ紙面には、近藤久子・県連合婦人会会長が「原発に絶対安全なし 敦賀原発事故の教訓 所詮人間が扱うもの」とのタイトルで、敦賀事故が「人間の生命やくらしを守るべき任務を負う役所が、ひたすら開発をめざし、安全性などは二の次で、建設の許可、検査安全管理等すべての過程でいかにずさんであり、机の上での書類だけ整えばといった行政の非情な体質を見せつけられる思い」であり、青谷の「あの美しい漁場を間違っても放射能で汚染させてはならない」と決意を述べている[20]。1981年、1982年発行の同新聞には青谷の話題をはじめ、小出裕章や久米三四郎 (大阪大学・化学) による原発に関する情報が何度も連載されて

いる。青谷・気高への立地は、県全体の婦人会の問題として捉えられていたのだ。

1981年11月15日、町民9名で作った「青谷原発を考える会（準備委員会）」は、久米三四郎を講師として「原子力発電所がもし長尾鼻にできたら」というタイトルの講演会を開き、青谷公民館には約100名が集まった。会は、翌

表4-1　青谷・気高原発立地問題の経緯

1979年	
6月15日	日本海新聞に「青谷も候補地だった？」という記事が載り、建設計画が明るみに。
6月16日	「原子力発電の公害を考える会」が主催、小出裕章「私たちは原子力発電と共存できるか」のテーマで講演。
11月25日	気高連合婦人会の大会で小出裕章の講演。
1980年	
7月1日	県議会、自民党の代表質問で原発誘致の議論。県知事は、誘致に積極姿勢の答弁。
12月	青谷町商工会青年部、住民の意識調査に原発誘致を誘導するとも受け取れる設問。
1981年	
3月7日	日本海新聞に「原発建設、青谷も有力候補地」、中国新聞「中電原発、候補地に長尾鼻（鳥取県）も浮上」と具体的な建設計画が報じられる。
11月15日	「青谷原発を考える会（準備委員会）」が久米三四郎を講師に迎え「原子力発電所がもし長尾鼻にできたら」と題する講演会を主催。青谷町公民館にて。
1982年	
1月14日	中国電力の山根会長は、記者会見で「島根に続く原発の新規立地は、今年中にもメドをつけたい。〔中略〕人口が少なく、心理的に住民に受け入れやすいという条件で、日本海側を選ばざるをえない」と発言。
2月14日	気高連合婦人会の役員研修会で「青谷気高原発設置に反対する署名運動を」という動議が出されて満場一致で決議。署名運動を開始。
3月11日	青谷町長は施政方針演説にて青谷・気高原発計画に反対表明。
3月20日	青谷町中央公民館にて「青谷原発設置反対の会」結成大会。
3月24日	青谷町議会「青谷原発に関する意見書」を全会一致で採択。
4月20日	気高郡連合婦人会「青谷・気高原発設置計画に反対する署名」9298名分を中国電力鳥取支店に提出。計画断念を要請。
4月28日	県内各界有志約300人が「中国電力の青谷気高原子力発電所建設計画に反対する共同アピール」発表。中国電力鳥取支店、県知事、県議会議長、青谷・気高各町長と町議会議長に提出。
1988～89年	炉心付近の土地を共有化。実質的に建設計画の阻止に成功。

出所：石井・八木（2015）より作成。

年結成される「青谷原発設置反対の会」の前身である。実質的な反対運動の旗揚げだったとされる。当初、「考える会」としたものの、講演会を受けて「反対」という言葉を入れることになったという。1982年、中国電力の山根会長は、1月14日の記者会見にて、島根原発に続く原発の新規立地として、日本海側を選ばざるをえないと発言しており（石井・八木 2015: 35-36）、引き続き反対運動側は警戒を続けていた。

　気高郡連合婦人会は、1982年2月14日の役員研修会にて署名運動を進める決議をし、活動を開始した。その後、同婦人会では、小冊子「原発のないふるさとを」（鳥取県気高郡連合婦人会 1983）を発行し、全国から注文がきたという（小出・土井 2012: 76-77, 111）。この小冊子には、久米三四郎、小出裕章、平井孝治（九州大学）らの講演会の内容や、婦人会の活動の記録などが載せられている。一般市民向けの講演会記録は、原発の技術的な内容から揚水発電や原発のコストは高い点などが多岐にわたって非常にわかりやすく説明されていた。巻頭で村上会長は、「電力会社の宣伝や、金の力に惑わされて、ウカウカと郷土を売り渡すことのないよう、正しい選択をするには、まず正しく識ることが大切です。そんな気高の婦人会の願いを込めて、この講演・記録集をまとめました」と記している。当時、最も先鋭的な運動をしたとされる女性たちの率直な思いと熱心な活動は、立地阻止運動を牽引していくことになった。

(2) 「青谷原発設置反対の会」の結成から共有地化成功まで

　運動が盛り上がりをみせたこの時期、前年11月の「青谷原発を考える会」主催の講演会を受けて、1982年3月20日には、150人近くの町民が集まり「青谷原発設置反対の会」が結成された。代表は、地元の歯科医師だった吉田通、代表代行に鳥取大学名誉教授だった大谷義夫と医師の石田勝也が就任した。役員は、いわゆる地元の名士たちである。幹事には青谷地区婦人会長などが、事務局長には高校教師だった石井克一が就任した。この日の会合では、気高郡連合婦人会の署名活動が4000名分集まっていることが報告され、会場は大いに盛り上がったという。その後、連合婦人会は、4月20日に

9000名以上の署名を中部電力鳥取支店に提出した（石井・八木 2015: 36 および石井への聞き取り調査より）。

「青谷原発設置反対の会」結成の翌月には、県内300名の有志が誘致反対の共同アピールを発表し、中国電力や知事、県議会議長、青谷・気高各町長や町議会議長に提出した。婦人会や運動に携わった方たちが手分けをして県内各界を代表する方に声をかけて賛同者を募ったという（気高郡連合婦人会 1983: 123 および三好、野見、永江らへの聞き取り調査より）。

「青谷原発設置反対の会」の活動を紹介しよう。「原発についての真実を学び、それを町民に伝えること」をモットーに、月に1度の学習会や、年に1度の講演会、年に2度の町全戸へのチラシ配布などを1988 〜 89年の共有地化成功まで定期的に続けてきた（石井・八木 2015: 36-37）。チラシは石井らが書き、土井が相談にのったり添削したりしたのだという。当時、青谷町内にある2千数百戸へのチラシ配布は何十名かで手分けをして行ったとも筆者はお聞きした[21]。こういった地道な活動を推進し、支える担い手も組織化されて存在していたのだ。

1982年10月、「青谷原発設置反対の会」は「反原発市民交流会・鳥取」などとともに初めて「風船あげ」の実験を行った。もし事故が起こった場合、どの程度まで被害が及ぶのかを知る実験として長尾鼻から500個のハガキ付きの風船をあげた。この結果、長尾鼻地区から21個、遠くは24 km地点から1個回収された。この結果をもとにした青谷の住民向けチラシには、もし事故が起これば鳥取市内は1時間以内にすっぽりと死の灰のカサに入るという点が指摘されている[22]。この実験は、1982年から86年まで年に1度実施され、実験結果は、毎回ではないが青谷住民にチラシで知らせられた。このほか、年に1度の関係者との合宿も青谷の海近くで実施された（石井・八木 2015: 37）。

1983年には、メンバー数名で上関に行って、現地調査も実施したという。上関では、推進派と反対派が明確に分かれており、アイスキャンディーを食べるにしても、この店は反対派だから大丈夫、民宿も反対派だから大丈夫だ、などというほど地域が分断された状態であった。立地計画が進められれば風光明媚な土地に深刻な亀裂が入ることを実際に現地で見聞きしてきたのだ。

その後、上関原発反対派支援も行ってきたという。会のメンバーは、各地で実施されている脱原発の集会などにも参加している。定期的に開催されている県内市民グループの会合や、中国地方の脱原発集会、1988年の東京・日比谷での脱原発全国集会などである[23]。

こういった地道な活動を続ける中、1988年から89年にかけて、地元の不動産業者の協力によって7筆の土地約2500 m^{2}を県内外の約200人で共有化し、建設阻止をより決定的なものにした（石井・八木 2015: 37）。これは、他地域の運動から学び、将来にわたって建設を阻止するためには共有地化しか方法がないとの認識があったためである。土井によると、運動当初から共有地化が決め手となるという認識はあり、独自に福島県浪江・小高原発や新潟県巻町の事情を調べて関係者と相談してきたという。当時の土井の手書きの資料「土地の研究」によると、「原発立地のための地元の必要条件」として、「①用地の買収、②漁業権の買収、③市町村議会の議決、④県議会の議決」が挙げられている。「各地の原発先進地の例から言えること」として、「①いったん電力会社が立地決定・公表したら、国のテコ入れもあって、死ぬまで食いついて離さない。〔中略〕④一坪運動による共有地など用地（の一部）を死守している所だけが原発立地をまぬかれている。」などとし、「原発立地は公表以前（計画段階）に防ぐこと。"切り札"（土地）をもつこと」とまとめられている。共有地化にあたって全国から地主を公募したところ、チェルノブイリ事故の直後だったためか、応募者が全国から多数あったという[24]。この共有地化成功をもって、反対運動はひと段落する。

「青谷原発設置反対の会」事務局長として10年にわたる運動を推進してきたひとりの石井は、青谷生まれの青谷育ち。幼いころは、青谷の美しい青い海で遊んだのだという。青谷の砂浜はすべて鳴き浜だそうだ。反対運動を続けてきた10年間は大変だったよと筆者に話してくださった。幸い青谷の場合は、公式の建設計画発表以前に阻止できたため、地域が分断される状況にはならなかったと現在も青谷に住む石井は話す。「青谷原発設置反対の会」は解散したわけではないものの、その後は当時ほどの運動をしているわけではない[25]。福島第一原発事故後は、この共有地に皆で芋を植え、美しい土

地を守る意義を継承しているという。この新しい環境運動は、第4節で取り上げる。この青谷・気高での運動が終わるころ、人形峠事件が発覚し、運動はそちらへ向かっていった。

表4-2　「青谷原発設置反対の会」が主催した講演会

1983年6月20日	「原子力発電の経営性を見直す」講師：平井孝治（九州大学）
1983年10月23日	「いのちをおびやかす原子力発電」講師：市川定夫（埼玉大教授）
1984年3月25日	「地震は急にやってくる!!──地震にもろい現代」講師：西田良平（鳥取大学助教授）
1984年10月27日	「積木細工の上の原発計画──長尾鼻地盤調査計画」講師：生越忠（和光大学教授）
1985年3月24日	「原発銀座　若狭湾から！──原発集中立地化のもたらすもの」講師：中島哲演（僧侶）
1986年10月25日	「チェルノブイリで何が起きたか──ソ連原発事故の真相と影響─」講師：小出裕章（京都大学原子炉実験所）
1987年11月29日	「チェルノブイリ後の食糧とエネルギー」講演：槌田敦（理化学研究所）
1988年10月22日	「あなたにせまる放射能──ウラン・原発・核のゴミ」講師：久米三四郎（大阪大学）
1990年10月21日	「4年後の恐怖──写真家の見たチェルノブイリ」講師：豊崎博光

出所：石井克一所蔵資料より作成。

写真4-1　炉心予定地であった場所の付近
（2014年12月6日、筆者撮影）

3. ウラン残土放置事件

最初にウラン残土が放置されていることを土井が知ったのは、1988年8月15日、山陽新聞に1面トップで岡山県上斎原村（現在は鏡野町）の問題として「放射性物質含む土砂放置　民家近く20年間　放射線量周辺の30倍」と取り上げられていたためである[26]。その後、岡山と鳥取両県の社会党と県総評が人形峠とその周辺の調査を行った。青谷の運動も支援していた大阪大学の久米三四郎が中心となったこの調査では、空間の放射線量が年間換算で74.5ミリシーベルトに上るウラン残土の堆積場もあったという。ウラン残土は何か所かに放置されており、土井は東郷町方面地区のグループ調査担当だったため、偶然この地区に住む元ウラン採掘労働者の榎本益美と出会った。榎本は、方面地区のウラン鉱山で切り羽の先端に立って採掘にあたり、そのときの被曝で鼻血や脱毛などの放射能急性障害が起こり、さらに、胃に穴が開く寸前の重度の胃潰瘍となったこともあって、原子燃料公社の後身の「動力炉・核燃料開発事業団」（動燃）に大きな怒りを持っていた（小出・土井2012: 124-128）。

振り返れば、岡山・鳥取県境の人形峠においてウラン鉱山が発見されたのは、1955年である。この一帯の人形峠鉱山のほか、近隣には東郷鉱山、倉吉鉱山もあった。しかし、少量で品質も悪く、ウランは外国産に頼ることになったため、間もなく採掘されなくなり、その30年後に問題が発覚したのだ。残土は、岡山・鳥取両県に合計12か所に放置されていた。このうち、榎本の住む方面地区の残土のみが裁判闘争を経てその後撤去されることになる（小出・土井2012: 128-130）。

青谷・気高原発阻止運動を推進してきた組織は、従来からの婦人会や「青谷原発設置反対の会」であり、それと重なった市民グループとして、主に鳥取市を中心とした「反原発市民交流会・鳥取」や倉吉市を中心とした市民グループ「反原発市民交流会（中部）」があった。この人形峠の問題に対して運動した市民グループは、青谷・気高から引き続いて「反原発市民交流会（中部）」が中心であり、社会党（後に社民党）や労働運動団体も継続してこの問題

にかかわってきた[27]。土井は何度も方面に通い、ジャーナリストとして人形峠問題を全国に発信しながら、一方で、こういった市民グループの一員として時に気持ちの揺れ動く方面住民を励まし、榎本と密に連絡を取り合い解決に向けて運動をしてきた（小出・土井 2012: 143-158 および土井への聞き取り調査より）。

　土井らの市民グループは、1990年から98年まで方面地区において京都大学原子炉実験所の小出裕章らとラドン濃度の調査をしており、最高値は方面1号坑の坑口前の1 m³当たり2万2000ベクレルだったという。水や土、現地でとれるタケノコなどの食品調査も実施し、放射性物質が検出された。1991年から92年にかけて大阪大学の福島昭三らとも測定調査を実施したという。その結果、方面1号坑の坑口前は、ラドンの日本の屋外平均値の1万8000倍であった。採掘時はもっと厳しい状況だったと推察される。作業員は、防護服のようなものは着ておらず、シャツ1枚で作業していたといわれる。調査結果が公になると、動燃は坑口をベニヤ板でふさぎ、その後土嚢でもふさいでしまったという（小出・土井 2012: 136-142）。市民グループの石田、三好、野見らは、坑口でラドンの気体を自身で大きなビニール袋に入れて大阪大学の実験室に運び、調査をしてもらったり、測定結果を方面の住民に知らせ、危険性を訴えることもした[28]。

　1988年12月、榎本は方面地区自治会として、「ウラン残土の全面撤去」を東郷町長に提出した。動燃は、方面の区長らを三朝温泉で接待するなど、切り崩しをしてきたという。1990年には、社会党（当時）と県総評時代からの運動家による「動燃人形峠放射性廃棄物問題対策会議」（議長：松永忠君・県議会議員）の交渉により、放射性レベルの高い「ウラン鉱帯部分」3000 m³を撤去するという協定書が動燃と方面自治会の間で交わされた。しかし、この協定書の履行はなされず、1997年、県は東郷町内保管を東郷町と相談し、方面から撤去しなくてよい案を方面に押し付けてきていた。方面地区の一人ひとりが町長に呼び出されて説得されたという。1998年には、東郷町議会が据え置きを強行採決するかもしれない中で、県と東郷町とのこの「談合疑惑」に関する公開質問状を土井らが町議会議員全員に提出したことが功を奏した

か、議会は強行採決を諦めている。方面自治会も現地据え置きを拒否した（小出・土井 2012: 143-151）。

　撤去されないままのウラン残土に業を煮やし、1999年12月、榎本と支援者は袋詰めになっていた一部のウラン残土を掘り返し、岡山県にある人形峠環境技術センター正面に置いた。これがテレビで大きく取り上げられ、当時の片山善博知事の支援を引き出すことになる。2000年11月には方面自治会は知事から裁判を勧められ、財政支援も受けて撤去協定書の履行を求めて提訴、同年12月には、榎本が土地所有権に基づいて続けて提訴した。2004年には、自治会訴訟で最高裁が被告の上告を棄却し、3000 m³の撤去が確定している。この最高裁決定があってもウラン残土を撤去しないため、裁判所は制裁金の支払いを日本原子力研究開発機構に命じた。その制裁金の一部を公民館の建て替えにあてたという（小出・土井 2012: 151-158）。

　その後撤去された3000 m³のうち、フレコンバッグに袋詰めされている約290 m³はアメリカ先住民の居住地へ押し付ける、つまり「鉱害輸出」し、そのほかの約2700 m³は、レンガに加工して県外に搬出することになった。レンガ加工は、日本原子力研究開発機構・文部科学省・鳥取県・三朝町の4者協定によるもので、人形峠県境の県有地の三朝町でレンガに加工した。方面からの撤去が終了したのは、2006年である。18年間におよぶ闘争であった。

　熱心に運動を推し進めてきたひとりの石田正義は、「長い間、よく運動がもったなあ」と振り返る。持続できたのは、「ここまでやってきたんだから途中でやめられない」という気持ちと、時々飲んだりおしゃべりしたりする運動仲間たちとの交流のお蔭でもあるという。石田は、青谷と人形峠の双方の核の問題にかかわったため、福島第一原発事故には衝撃を受け、何度か現地訪問したりもした。人形峠では、年間1ミリシーベルトを超える線量を問題にして訴訟を提起し、住民が一部勝訴しているのに対し（第3章参照）、福島では年間20ミリシーベルトで居住できるか否かを区切っている。自分たちの運動がどのくらい福島で生かされているのかと忸怩たる気持ちになるという[29]。

　土井も石田もあるいは三好も、方面地区のウラン残土撤去は、榎本の強い

意志があったからこそと指摘する[30]。前記の対策会議や市民グループの運動、片山知事や科学者の支援などがあり、撤去はなされた。しかしながら、残る11か所にはそのまま積み残されている。方面には集落があったため地元の運動も可能となったのだが、近くに集落のない場所もある。ウラン残土問題はまだ解決していない（小出・土井 2012: 159-166）。

レンガ加工と搬出の問題も依然としてある。**写真4-2**の鳥取県三朝町内にあるキュリー公園には、方面のウラン残土で作られたレンガの上に立っているキュリー夫妻の像がある[31]。鳥取・岡山県境に位置する三朝町においては、三朝温泉という世界屈指の濃度を誇るラジウム温泉がある。このため、ラジウム発見者のキュリーを称え、町内には銅像が何か所かにあったり、夏にキュリー祭りが実施されるなどしているのだ[32]。土井によると、このレンガ製造は、放射性物質のばらまきと警戒された経緯がある[33]。実際には県外にも搬出されており、筆者は**写真4-3**のとおり、東海村にてこのレンガで作られた傘立ても見ている。福島原発事故による放射性廃棄物処理の難問として、8000ベクレル/kg以下となった廃棄物は、再生資材として盛土等の構造基盤として利用され、解決されるという[34]。福島に先行する事例がすでにここにあるのだ。

写真4-2　三朝町キュリー公園のキュリー夫妻像
（2013年9月15日、筆者撮影）

写真4-3 「アトムワールド」（日本原子力研究開発機構）にある人形峠製レンガの傘立て
(2014年9月9日、東海村にて筆者撮影)

4. 3・11後の新しい環境運動

(1)「えねみら・とっとり」の結成と活動へ

　福島第一原発事故によって、初めて原発の危険性を知り、反対運動に身を投じる方も各地にいる。本項では、鳥取市にて新しい環境運動を展開する女性たちの動きを取り上げる。後述する芋植え活動などをしている「青谷反原発共有地の会」にも参加している「えねみら・とっとり」という名称の団体である。以下、代表の山中幸子への聞き取り調査や資料から、団体結成までの動きや活動内容について述べる[35]。

　50歳代の山中は専業主婦である。チェルノブイリ事故のあと、原発の本を読んだりしたことはあったが、普段の生活から一歩出て市民運動などはできないと思っていた。原発事故が起こり、不安な気持ちもあり、2011年夏頃に「さよなら島根原発ネットワーク」の講演会に行き、小出裕章のインタビュー映像などを見て、同ネットワークに登録したのだ。これが運動のきっかけとなった。そのネットワークの登録者たちは、原発近くの米子や島根県松江市の住民が中心だった。米子や松江は山中の居住地の鳥取市から遠いと

思っていたところ、同ネットワークの方から鳥取市で会を作ったらいいといわれ、その登録者の中にいた鳥取市在住の2、3人とその知り合いで集まった。鳥取市でも講演会を開くことになり、それを契機に2011年12月に女性6人でグループを結成したのだ。山中のように、以前から地元に住む方もいれば、他地域から引っ越してきた方もいるという。

　グループの結成にあたって、自分は連絡係くらいになろうというつもりだったが、代表になってしまったという。ちょうど子どもたちも大きくなり、放っておいても大丈夫だから活動できるのだという。他のメンバーは市民活動を長年してきた経験のある方ばかりなので、一から教えてもらいながら活動をしてきたという。途中で再生可能エネルギーの普及活動をしてきた手塚智子も共同代表となった。手塚が中心となって、同会とは別組織の「市民エネルギーとっとり」も発足した[36]。重なっているメンバーもいるという。会の名称は、当初、「脱原発とエネルギーの未来を考える会」としたが、その後、「えねみら・とっとり」に変更した。地元のテレビ番組でイベントの紹介をしてくれるというのだが、名称の「脱原発」は偏っているからよくないといわれたという。ある若い方からは「今はひらがなの時代」などとアドバイスがあった。迷った末、外部からの見え方も考慮し、原発反対だけでなく未来をともに考える輪を広げたいとの思いから、現在の名称に落ち着いた。

　その最初の講演会は、2012年2月25日に行われ、講師として2013年に松江市議となる芦原康江と、長年ジャーナリストとして環境問題を取り上げてきた土井淑平が「知りたい！　本当のこと！　どうなっているの？　島根原発？」をテーマに講演した。50〜60名が参加したという。これまでの講演会の中で一番参加者が多かったそうだ。土井とはこのとき初めて会ったという。青谷・気高の運動も原発事故後に知り、土井や、当時土井らとともに活動した横山光からも青谷の話を聞いた。福島後に新しく運動を始めた層と従来からの運動家たちが合流したのだ。

　「えねみら・とっとり」の活動は、講演会を開いたり、「えねみらカフェ」と名付けて気軽に話をする会合をもうけ、福島から避難した方の話を聞いたり、映画の上映会をしたり、中国電力前でアピールをしたりといったものだ。

表4-3 「えねみら・とっとり」の2013年度の活動

5月11日	えねみらカフェ in 水族館「矢野千代実さんのお話を聞く会──福島から鳥取へ1年後の今の思い」（講師：矢野千代実）
5月25日	えねみら・とっとり総会
6月1日	青谷原発元予定地にて芋植え付け
6月8日	えねみらカフェ「放射能のリスクを考える──日本の基準は本当に大丈夫?」（講師：松崎道幸、井上理）
6月13日	6月県議会へ議員を通してMOX燃料輸送について質問
6月17日	MOX燃料輸送について関西電力へ問い合わせ→7月31日、関西電力から回答あり
6月20日	とっとり市民共同発電所作戦会議立上げ
6月22日	えねみらワークショップ「マイ発電所を作って『電気をつくる』を体験しよう!」
6月30日	ちいとでもしようデイ!（「ゼロノミクマ」との共同行動）
7月1日	中国電力へ申し入れ（「ゼロノミクマ」との共同行動）
10月19日	えねみらカフェ「今どうなってるの原発?──汚染水・再稼働・被災者支援」（講師・土光均、井上理）
10月25日	中国電力前ランチタイムアピール
10月26日	遠足市場にて展示（ソーラーシステム）と試食（ソーラークッカーのポテトケーキ）
10月29日	鳥取県への島根原発再稼働について申し入れ（「さよなら島根原発ネットワーク」との共同行動）
11月9日	とっとり市民共同発電所第1回フォーラム「とっとりで市民共同発電所をつくろう」（講師：橋本憲）
11月25日	11月県議会へ陳情提出「島根原発再稼働に対する慎重な判断を求める陳情」（「さよなら島根原発ネットワーク」との共同行動）研究留保→2014年3月20日、採択に
12月7日	市民活動フェスタに参加（さざんか会館にて）
12月15日	とっとり市民共同発電所第2回フォーラム「『市民の力＋発電所』が拓く地域の豊かな未来」（講師：和田武）
1月18日、19日	「ニッポンの嘘　報道写真家　福島菊次郎」上映会（「じんけん市民ネット希望」他との共同主催）
1月26日	えねみらワークショップ「マイ発電所を作って『電気をつくる』を体験しよう!」
2月5日	2月県議会へ陳情提出「放射線拡散シュミレーションを国に求める陳情」→趣旨採択
2月11日〜3月31日	ハーモニィカレッジ・空山ポニー牧場　馬房屋根への太陽光パネル設置工事終了
2月26日〜3月14日	4月市長選挙候補者への公開質問状→配布・ブログ公開
3月13日〜28日	幼稚園・保育園・高校への自然エネルギーに関するアンケート実施

出所：「えねみら・とっとり」内の資料より作成。

2013年からは、政治とかかわるようになったという。県議を通してMOX燃料輸送に関して質問をしてもらったり、県議会へ「島根原発再稼働に対する慎重な判断を求める陳情」を提出したりした。

2014年には、県の補助金を使って原子力防災をテーマとした防災カフェ事業を実施したという。障害者団体とのつながりもでき、県の避難計画の検証をしてきた。災害時に障害者が避難できるのか、県の職員も招いて答えてもらったりした。たとえば、障害を持っている方は、地震が起きても避難所へは行かないという意見があった。災害時に道路状況が悪くなっているかもしれず、避難所は歩いて30分もかかり、かえって危険だという意見が出たという。地震・津波・原発事故も織り交ぜて議論し、役所の方も真剣に受け止めてくれたのではないかと山中は話してくださった。この事業は発展し、2016年には「えねみら・とっとり」とは別の組織として「原子力防災を考える県民の会」を鳥取市内外の方と連携して発足させ、原子力防災に関する講演会を開催したりしている。防災問題にせよ、何にせよ、わからないことは行政に聞くことにしているという。

山中は、岩田玲子や土井らとの交流から気高郡連合婦人会の原発立地阻止運動を知ったことと、いわゆる「自主避難者」の方の話を聞いたこと、これが現在の活動の原動力だと話す。いずれも山中が自身の活動を通して学び、理解を深めたのだ。福島第一原発事故は、ごく普通の主婦だった方が地元の環境運動の歴史を知り、現在を調べ、こういった自己学習を通して活発に動き出させるほどのインパクトを持っていたのだ。

(2) 「青谷反原発共有地の会」の結成と活動 —— 新旧運動の合流

「えねみら・とっとり」の山中幸子と同様に、教員団体などの他の組織も土井の講演などから過去の地元の運動を知り、ともに「青谷反原発共有地の会」を立ち上げ、新たな環境運動を開始している。

2011年8月に、鳥取県教職員組合（県教組）と鳥取県高等学校教職員組合（高教組）は、土井淑平を講師として「原発のないふるさとを」というテーマの講演会を開いた。ここで土井は、青谷・気高の反原発運動を話したという。

その秋、土井は青谷・気高でともに活動をした横山とふたりで教員たちを青谷に連れていった。会の最後に参加者たちが感想を言い合う場面で、運動を引き継ぐためにはこの共有地を定期的に訪ねることが大事ではないか、芋でも植えて収穫祭でもすれば家族連れなど多くの人が来られるという声が上がったという。これがきっかけとなって、教員たちが中心となって呼びかけ、青谷・気高の運動の意義を継承するために、30年前に放棄された農地を整備し、2012年から毎年、各種団体や個人が共有地に芋を植えているという。秋には再び皆で集まって収穫の作業もしている[37]。

2014年には、横山と高校教師の坪倉潤也が共同代表となり改めて会を「青谷反原発共有地の会」と命名し、発足させた。賛同団体は、県教組、高教組、「反核平和の火リレー実行委員会」「鳥取県反原発運動連絡会」「青谷原発設置反対の会」「さよなら島根原発ネットワーク」「ウラン残土市民会議」「えねみら・とっとり」などである[38]。

筆者が参加した2015年6月の芋植えでは、代表の横山はもちろんのこと、「えねみら・とっとり」の山中や手塚、土井淑平ら、また各種団体から計40～50名が参加していた。この日は、芋植えと近くにある元農地のような所で草刈をして植林もした。再び秋には皆で芋ほりをして、冬には忘年会もす

写真4-4　青谷の共有地での植林
(2015年6月7日、筆者撮影)

るという。この活動には、青谷・気高と人形峠の双方の運動にかかわった石田正義や、婦人会として青谷・気高の運動を強力に進めた岩田玲子も何度か参加したことがあるという[39]。

　青谷・気高の運動を知った現役の教師たちの独自の活動もある。2017年8月に開催された高教組女性部による中部ブロック会議には、中部地方4県から約100名が参加し、小出や土井に青谷・気高に関して講演をしてもらい、参加者で青谷にフィールドワークに行ったという。高教組書記長で40歳代の西川真由美は、1980年代の青谷・気高立地阻止運動に感謝しているという。そのおかげで地元には原発がなく、地域環境が守られているからだ。西川は、人形峠の話題は、連日のようにテレビなどで報道されていたため知っていたものの、青谷・気高の運動は知らなかったという。共有地化した土地の地主のひとりだという方が周囲にいたが、運動の歴史と意義をきちんと捉えておらず、2011年8月の県教組と高教組主催による土井の「原発のないふるさとを」というタイトルの講演を聞いてそのことを理解したという。西川や坪倉は、組合活動として「反核・平和の火リレー」運動に取り組んできた延長線上に反原発、共有地の活動をしているという。地元の反原発運動に取り組むための組織的な運動の母体が高教組にすでにあったのだ[40]。

　西川たち女性部が中心となって開催した、先述の2017年8月の会合のタイトルは、「未来を生きる子どもたちのために、原発のないふるさとを」というものだ。「原発のないふるさとを」は、小出と土井の著書名や、ふたりの講演会タイトルにも使用されているが、元をたどれば1983年に気高郡連合婦人会が作成した小冊子のタイトルである。近藤久子・県連合婦人会会長、村上小枝・気高郡連合婦人会会長、岩田玲子・気高町宝木地区婦人会会長ら当時の熱心な運動を牽引した女性たちのふるさとを守る思いは、ある者は故人となっても一時代を超えて継承され、現在の鳥取の反原発スローガンとなって生き続けているといえよう[41]。30数年前の青谷・気高原発立地反対運動からのメンバーやウラン残土問題を支援した団体・人と、福島第一原発事故後に新たに加わった運動メンバーとの結合によって、地域の歴史を背負った反原発運動は面的に波及しているのだ。

5. 「原発のないふるさとを」——環境自治の思想の継承

　本章では、鳥取での環境運動に関して歴史を遡って確認してきた。1980年代初頭から約10年間にわたって展開された青谷・気高原発立地阻止運動と、ちょうどそれが成功したころに発覚したウラン残土放置事件および3・11後の反原発運動を取り上げた。県総評（当時）や県連合婦人会、気高郡連合婦人会、高教組といった既存組織には、すでに青谷・気高や人形峠の問題に取り組める活動の歴史があり、運動を牽引したり成功させたりする基盤となっていたと考える。

　本章で取り上げた運動の担い手は、重なりあっている。たとえば、市民グループとして発足した「青谷原発設置反対の会」は、立地計画のあった場所を共有化し、現在の「青谷反原発共有地の会」にその意義を引き継いで主導的に活動している。当時20歳代で青谷・気高立地阻止運動にかかわった横山は、その後定年退職しており、現在進行形の共有地の運動を牽引している。共有地で芋植えや植林をしているメンバーは、「えねみら・とっとり」のように3・11後に新しい環境運動団体として活動していたり、かつて青谷・気高やウラン残土問題にかかわっていたり、あるいはこれまで別の運動をしてきた団体や個人である。地元の反対闘争の歴史が現在の活動を通して知られることで波及し、ネットワークの広がる機会も作られた。

　この間、青谷・気高原発立地阻止やウラン残土の運動に市民と両輪となって加わってきた総評・社会党は、別組織となったり、勢力が衰えたりしている一方で、人口の少ない県ながら熱心な環境運動が現在も継続していること、中でも女性たちが懸命に新旧の活動を展開してきたことも注目に値しよう。「原発のないふるさとを」守ろうとした婦人会の1980年代の思想と熱心な活動は、現在の鳥取の反原発運動の源泉のひとつといえる。

　市民運動として活動し、各種運動団体と連絡調整も行ってきた土井淑平は、本稿で取り上げた事例のうち、青谷・気高とウラン残土放置事件にとりわけ関係が深く、また、3・11後の「青谷反原発共有地の会」の発足や活動にもかかわっている。青谷・気高やウラン残土問題は、土井というキーパーソンに

よる的確な戦術構想と実行力によって成功に導かれた事例である。四日市の
澤井余志郎を彷彿とさせる土井の環境運動への熱意を振り返り、学生時代に
何の運動もしていなかったという土井が、ジャーナリストになった後に澤井
との交流から環境運動に身を投じるようになったと捉えれば、3・11後の新
旧の運動の出合いと広がりは、より大きな可能性を示唆してくれよう。青谷
の共有地は、青谷の透き通る青い海と地域を守り、ウラン残土撤去という残
された課題を伝え、取り組む人を慈育する場として機能しているのだ。それ
では、全国の「青谷の共有地」はどのような状況だろうか。福島第一原発事
故を教訓としてどのような社会に転換できるのか、各地での「核」に対する
取り組みを今後も注意深く検討したい。

注

1　朝日新聞WEBRONZA、2012年7月3日。
2　朝日新聞デジタル、2012年7月16日。
3　AFP通信、2012年7月30日。
4　首都圏反原発連合がよびかけ実施された「7.29国会大包囲行動」に呼応して、同
　　日に富山、岡山、広島などで集会やデモが行われていた（赤旗2012年7月30日
　　付）。なお、本章では、鳥取県には以前より原発がないことから「反原発」の語を
　　使用し、全国的には沖縄県を除いて原発由来の電力を使用してきたことから、国
　　内全体の状況に関しては「脱原発」の語を使用する。
5　首都圏反原発連合ウェブサイト（http://coalitionagainstnukes.jp/）2017年8月27日
　　閲覧。
6　東京新聞2015年9月20日付。同年9月12日〜13日に有権者3000人を無作為で
　　選び、面接調査（回答率が58%）を実施した。日本世論調査会（http://www.japor.
　　or.jp/search/）2017年10月9日閲覧。
7　朝日新聞デジタル、2017年2月21日。同年2月18日〜19日に無作為に電話。そ
　　のうち有権者3748人、回答率47%。
8　土井淑平による手書きの所蔵資料「土地の研究」や、土井への聞き取り調査（2013
　　年9月15日〜16日、2014年6月6日〜8日）から。
9　珠洲原発立地に関する文献として、飯田（2015）、山秋（2007）、北野（2005）など
　　を参考にした。このほか、珠洲たのしい授業の会「珠洲原発反対のたたかい（石
　　川県教組珠洲支部50年誌『いばらの歩み』より）」（http://www2.nsknet.or.
　　jp/~mshr/suzugen/kyouso.html）2017年9月12日閲覧。
10　東海村での「リリウムの会」などへの聞き取り調査より（2014年9月19日、20日）。
11　土井淑平による四日市に関する著書として、土井（2013，2017）がある。
12　本節は、土井淑平、石井克一、横山光、岩田玲子、石田正義、三好利幸、野見徹

也、永栄恵二への聞き取り調査（土井は注8に記載；石井、2014年6月6日、2015年6月7日；横山、2015年6月7日；岩田、三好、野見、2017年9月7日；石田、2017年9月5日；永栄、2017年9月7日）、および石井・八木（2015）、生越編（1985）、小出・土井（2012）、土井（1988, 2017）による。

13 三島・沼津コンビナート誘致阻止闘争に関しては、宮本編（1979）、曽（2007）を参照。

14 1980年国勢調査より。

15 土井淑平への聞き取り調査より。

16 山陰中央新報1981年1月29日付1面。

17 三好利幸への聞き取り調査より。

18 「宝木地区婦人会報」1981年9月号や岩田玲子への聞き取り調査より。

19 岩田玲子への聞き取り調査より。

20 近藤久子は1959年、1961〜91年の長期間にわたって会長を務めている（鳥取県連合婦人会「50年のあゆみ　暮らしと女性の向上めざして」2000年）。岩田玲子は、人望の厚い方だったと回想する（岩田への聞き取り調査より）。

21 石井克一、横山光への聞き取り調査より。

22 石井克一所蔵資料より。

23 石井克一、横山光への聞き取り調査より。

24 土井淑平による手書きの資料「土地の研究」や土井淑平への聞き取り調査より。

25 石井克一への聞き取り調査より。

26 本節は、土井淑平、榎本益美、石田正義、三好利幸、野見徹也、永栄恵二への聞き取り調査（土井は注8に記載；榎本、2013年9月15日〜16日；石田、三好、野見、永栄は注12に記載）、および榎本（1995）、小出・土井（2012）、土井・小出（2001）による。

27 三好利幸への聞き取り調査より。

28 石田正義、三好利幸、野見徹也への聞き取り調査より。

29 石田正義への聞き取り調査より。

30 土井淑平、石田正義、三好利幸への聞き取り調査より。

31 参考までに、堀場製作所の放射線計（PA-1000Radi）でレンガの敷物の上で線量を測ると、約0.2マイクロシーベルト／時であり、筆者の金沢の住まいの約2倍の線量であった。

32 三朝町「三朝町内のフランス・スポット」（http://www.town.misasa.tottori.jp/315/359/2062.html）、三朝温泉観光協会・三朝温泉旅館協同組合（http://spa-misasa.jp/）、いずれも2017年10月10日閲覧。

33 土井淑平への聞き取り調査より。

34 環境省「中間貯蔵施設情報サイト」（http://josen.env.go.jp/chukanchozou/facility/effort/investigative_commission/）2017年9月12日閲覧。

35 山中幸子への聞き取り調査は、2015年6月8日および2017年9月7日。

36 手塚が代表の同組織は、2017年9月現在、県内に5か所の太陽光発電所をもっているという。

37 西川真奈美「『原発のないふるさとを』——先輩たちから学び、自分たちにできることを」(2014年10月19日、日教組中国ブロック女性部学習会でのレポート) および土井淑平への聞き取り調査より。

38 横山光所蔵のチラシや聞き取り調査より。

39 石田正義および岩田玲子への聞き取り調査より。

40 西川真由美および坪倉潤也への聞き取り調査より (2017年9月6日)。

41 2011年12月に開催された鳥取県連合婦人会による婦人大会基調講演では、小出裕章が「原発のないふるさとを——福島原発事故を考える」というタイトルでかつての青谷・気高原発立地阻止運動での同婦人会の活動を話している。その参加記を載せた鳥取県婦人新聞 (2012年1月新春号) では、講演タイトルが気高郡連合婦人会発行の冊子からとられたと聞き感動した、との感想が記されている。

文献

飯田克平, 2015, 「住民運動・科学者運動はいかに原発建設と対峙したか——つくられた志賀原発と中止させた珠洲原発、石川県での経験」日本科学者会議編『原発を阻止した地域の闘い　第一集』本の泉社, pp.47-62.

石井克一・八木俊彦, 2015, 「鳥取県青谷・気高原発立地阻止運動をふりかえって」『日本の科学者』第50巻第7号, pp.34-37.

榎本益美, 1995, 『人形峠ウラン公害ドキュメント』北斗出版.

生越忠編, 1985, 『開発と公害』第29号, 開発公害研究会.

北野進, 2005, 『珠洲原発・阻止への歩み——選挙を闘いぬいて』七つ森書館.

小出裕章・土井淑平, 2012, 『原発のないふるさとを』批評社.

曽貪, 2007, 『日本における「公害・環境教育」の成立——教育実践／運動／理論の分析を通して』一橋大学提出博士論文.

土井淑平, 1988, 『原子力神話の崩壊——ポストチェルノブイリの生活と思想』批評社.

土井淑平, 2012, 『放射性廃棄物のアポリア——フクシマ・人形峠・チェルノブイリ』農文協.

土井淑平, 2013, 『フクシマ・沖縄・四日市——差別と棄民の構造』編集工房朔.

土井淑平, 2017, 『脱原発と脱基地のポレミーク——市民運動の思想と行動』綜合印刷出版.

土井淑平・小出裕章, 2001, 『人形峠ウラン鉱害裁判——核のゴミのあと始末を求めて』批評社.

鳥取県気高郡連合婦人会, 1983, 「原発のないふるさとを」.

平林祐子, 2013, 「『原発お断り』地点と反原発運動」『大原社会問題研究所雑誌』第661号, pp.36-51.

宮本憲一編, 1979, 『沼津住民運動のあゆみ』日本放送出版協会.

山秋真, 2007, 『ためされた地方自治——原発の代理戦争にゆれた能登半島・珠洲市民の13年』桂書房.

第5章　茨城県東海村におけるJCO臨界事故と東日本大震災

藤川賢

　日本初の原子力発電所がつくられた茨城県東海村は、日本の原発関連施設で初めて急性放射線障害による死者を出した1999年9月のJCO臨界事故の現場にもなった。この「想定外」の大事故は、「安全神話」を吹きとばした。村内では原発反対の声が高まり、国の原子力安全・保安院も新設された。

　だが、安全神話はいつの間にか息を吹き返し、2011年3月の福島原発事故を迎えることになる。東海村では、その影響を大きく受けるとともに、さらに東海第二原発も津波によって危機的状況に陥った。現在、この東海第二原発を再稼働・運転延長させるのか、廃炉の方向に進むのか、村の範囲を超えて議論が続いている。

　本章では、東海村の人びとがどのように原子力施設とかかわってきたのか、原発立地から現在にいたる経緯と意識変化を中心に見ていく。とくに注目するのは、なぜ大きな事故があっても安全神話が再構築されたのか、その神話が現在、どのように揺らいでいるのか、である。その経験は、「分かった」ことだけを重視しようとする動きに対して、市民が「分からない」リスクをどのように訴え、ともに議論を深めていけるかを模索するための貴重な先行例になっている。

1.　原子力施設立地地域と「安全神話」の課題

　　原子力に対する信頼は一気に薄れ、「原子力事故は起こりうる」ということが白日の下にさらされたわけです。原子力の安全神話は崩れ去り、その怖さを実感することになりました。それと、もう一つ重要な視点と

して、これだけ社会が原子力に依存しながら、大半の人が原子力のこと
をよく分かっていないことが明らかになりました。

(茨城新聞社編集局編 2003: 278-279)

　これは、1999年9月30日に発生した東海村のJCO東海事業所核燃料加工
工場での臨界事故を受けて書かれたものである。だが、2011年以降に書か
れたものと言われても通じるだろう。11年の時をはさんで、JCO事故と福
島原発事故をめぐって同じような言説と制度改革がなされた。そして今日ふ
たたび、大規模事故によって原発反対の声が高まり、だが、いつの間にか地
元の経済的利害との関係で運転再開が取りざたされるという展開がくり返さ
れる可能性も見える。
　本章は、それについて、これまでの教訓がなぜ福島原発事故の予防に活か
せなかったのかを見直し、今後への活用につなげていくために、東海村の経
験をふり返ろうとするものである。それは三つの側面から考えることができ
る。第一は、原子力施設立地点であるがゆえに「安全神話」から逃れられな
い「原子力ムラ」(開沼 2011: 291)の嚆矢とも言える東海村の地域特性と、そ
の成立の歴史である。原子力以外の経済基盤も含めて、東海村における地域
と原子力との関係を見ていきたい。
　第二は、原子力「安全神話」の再構築である。日本で原子力発電が開始さ
れてから初めての急性放射線障害による死者を出したJCO事故は、原子力
の「安全」神話をくつがえす大きな契機と受け止められ、原子力安全・保安
院の設立など国の原子力政策にも大きな影響を与えた。だが、原子力安全・
保安院と原子力安全委員会は、安全神話を否定したはずであるが、結果とし
てその再構築に寄与した一面がある。その意味について、地域と全国的な議
論の両方から見ていきたい。
　第三は、東海村における東日本大震災の経験である。2011年3月に東海
村は、地震と津波による被害に加え、東海第二原発の津波被災と福島原発事
故による放射能汚染という二重の危機に直面した。東海村の人たちが2011
年以後どのような選択をしていくのかは、興味深い。もちろん、それは東海

村の人たちだけの課題ではなく、社会全体として議論すべきものであり、そのためにも、その経験の意味を考えていく必要があるだろう。

2. 東海村における原子力施設の集積

(1) 東海村の概要と特徴

　茨城県東海村は、水戸市の北東約15 kmに位置し、北は日立市、南はひたちなか市、西は那珂市、東は太平洋に接している。かつては海岸沿いの松林「村松晴嵐」が水戸斉昭によって「水戸八景」の一つに選ばれた、のどかな景観を誇る農村地帯であった。現在も、干し芋や果実などを名産とする農村を残しつつ、同時に、水戸市や日立市などのベッドタウンとしての一面をもっている。とは言え、全国有数の豊かな村としての東海村の特徴が原子力関連施設にあることは、改めて言うまでもない。

　さらに東海村は、他の原発立地自治体とも少し異なる特徴をもっている。

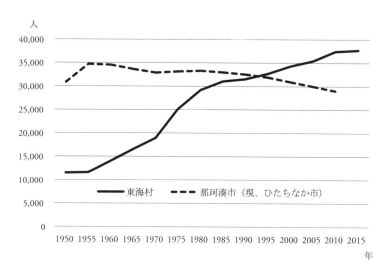

図5-1　東海村の人口推移（那珂湊市との比較）

注：1950年の数値は、東海村＝石神村＋村松村、那珂湊市＝那珂湊町＋平磯町の計。1995年以降はひたちなか市のうち旧那珂湊市分、2015年国勢調査は未公表。那珂湊市は面積25.65km²、東海村の南に接し、畑作、漁業や商業も盛んな地域である。
出所：国勢調査人口にもとづく市町村の公表値より作成。

第一に施設の多様性であり、現在、東海村役場が原子力安全協定等を結んでいる事業者の数は15に達している（東海村村民生活部防災原子力安全課編 2016: 13）[1]。関連して、研究者・研究施設の割合が高いことである。たとえば、東海原発（廃止措置中）・東海第二原発をもつ日本原子力発電（以下、日本原電）の職員数が約400名なのに対して、原子力科学研究所の職員数は約1000名である[2]。このことは、村の人口ともかかわっており、他の多くの立地自治体で原発が定住人口の増加になかなかつながらないのと異なり、東海村では長く勤務する人が多く、退職後に住み続ける例も少なくない。水戸市や日立市に近い地理的特性もあって、東海村の人口はほぼ一貫して増加してきた（図5-1参照）。このため、村の歳入に占める原子力関連の割合も3分の1ほどと比較的小さく、村上達也前村長が脱原発への方向転換を図れた基盤にもなっている（『朝日新聞』佐賀県版2014年6月15日付）。

(2) 原子力施設の集積

東海村では、約38 km^{2}とそれほど広くない村域に多くの施設が集まっているため、原子力事業所の面積をすべて合わせると村の総面積の13.4%に達する（茨城新聞社編集局編 2003: 57）。図5-2からも明らかなように、原子力施設が、海岸線沿いと山側の国道6号線付近に並び、常磐線東海駅など村の中心を取り囲む形になっている。このことは、後述のように避難を妨げる可能性があり、災害時などのリスクとして数えられる。

もともと東海村は、海岸部の村松村と内陸部国道6号線を中心とする石神村の合併によって1955年に成立し、その翌年から原発建設計画が動き始めた。関連施設の立地もあって旧村松村地域で道路整備などが進んだのに対して、旧石神村では活気に欠けるところもあり、「それだったら、石神にも原子力施設を」ということで誘致活動を展開した結果、こうした形になったという（齊藤 2002: 54-55）。最初に原子力研究所（以下、原研）が設置された当初には買い物に困った主婦のために買い物バスを走らせたという話があるほど鄙びていた東海村は[3]、こうした施設の集積とともに発展した。

それとともに、原子力施設の安全性への心配を口に出しにくい状況もつく

第 5 章　茨城県東海村における JCO 臨界事故と東日本大震災　121

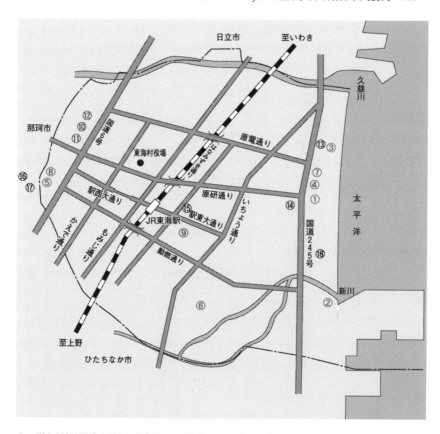

① 国立研究開発法人日本原子力研究開発機構
　 原子力科学研究所
② 国立研究開発法人日本原子力研究開発機構
　 核燃料サイクル工学研究所
③ 日本原子力発電㈱ 東海・東海第二発電所
④ 国立大学法人東京大学大学院
　 工学系研究科原子力専攻
⑤ 三菱原子燃料㈱
⑥ 原子燃料工業㈱ 東海事業所
⑦ (公財)核物質管理センター 東海保障措置センター
⑧ ニュークリア・デベロップメント㈱
⑨ 積水メディカル㈱
　 創薬支援事業部 創薬支援センター
⑩ ㈱ジェー・シー・オー 東海事業所
⑪ 住友金属鉱山㈱
　 経営企画部 グループ事業管理室 技術センター

⑫ 日本照射サービス㈱ 東海センター
⑬ 日本原子力発電㈱ 東海テラパーク
⑭ (公社)茨城原子力協議会 原子力科学館
⑮ 国立研究開発法人日本原子力研究開発機構 本部
⑯ 国立研究開発法人日本原子力研究開発機構
　 那珂核融合研究所(注)
⑰ 三菱マテリアル㈱ エネルギー事業センター
　 那珂エネルギー開発研究所
⑱ 大強度陽子加速器施設(J-PARC)

　(一部那珂市の原子力関係施設を含む)

(注)：平成28年4月1日から国立研究開発法人量子
　　　 科学技術研究開発機構に移行

図5-2　東海村村内の原子力関係施設の位置

出所：東海村村民生活部防災原子力安全課編(2016: 39)。

122

られてきたのである。1955年頃は、まだ放射能に関する情報が少なかったとはいえ、近くに立地する国立療養所村松晴嵐荘 (当時) で勉強会も開かれるなど、懸念の声もあった[4]。原研立地当初には原子力施設2 km以内はグリーンベルトとして人口を抑制する方針もあったという。だが、それだと原研〜東海駅間の半分以上がそれに該当してしまうし、村としては「安全」な原子力施設に何故人口希薄地帯をつくらなければならないのかという疑問もあった。結局、原発の安全問題よりも移転しなければならないのかという住民の不安を取り除く方が優先された格好で、この方針は、地帯整備構想から原子力センターづくりへと変貌していく (齊藤 2002: 37-45)。

(3) 原子力施設への安全意識

　東海村では、原子力施設の増加とともに、それに対する誇りと安全意識を強めてきた。1985年に制定された東海村の村民憲章は、「わたくしたちは、ゆかしい歴史と原子力の火に生きる東海の村民です」という前文を掲げている (東海村 2006: 97)。チェルノブイリ原発事故が起きた直後の1986年6月には、「世界の平和は全人類の願いであり、原子力の平和利用は人類の生存と繁栄のため更に推進しなければならない」と始まる「原子力平和利用推進・核兵器廃絶宣言」を制定している[5]。

　他方で、原子力施設の安全性への疑いも、着実に根強いものになってきた。1973年には東海第二原発 (1978年運転開始) の許可取り消しを求める行政訴訟が起こされ、後に「脱原発」村議となる相沢一正などが参加している (後述参照)。その後も再処理工場の立地計画などへの疑問が呈されて、少しずつ反対の声が形成されていく。

　1997年3月11日には動燃 (当時) 再処理工場のアスファルト固化施設で火災・爆発事故が発生し、原子力施設の危険性はかなり明確化した。当時、村長選出馬直前だった村上達也は、この事故で「原子力関連施設というものは危ないものだ」とはっきり認識し、安全対策を公約に掲げた (村上・神保 2013: 57)。就任後の翌年4月には、村の原子力安全対策が弱いことを指摘して、「原子力対策課」を設置した。ただし、初めに考えられていた組織名は

「原子力安全対策課」だったが、「原子力は安全だから『安全』はいらない」という議会の反対で「原子力対策課」になったという (村上・神保 2013: 94)。

　こうした揺れ動きの背後には、多くの住民の無関心も存在する。多くの原子力施設が存在するためもあって、近所に住んでいてもそれに気が付かない場合も少なくないようだ。JCO事故の発生時に工場から400 mの地点に住んでいた葛西文子は、防災無線をきいても、まず「きっと原子力御三家から3キロも離れたところに住む私たちとは関係ないだろう」と考えたと書いている (葛西 2003: 10)。他の手記などを見ても、社名変更して1年ほどだったJCOの社名を知らない、あるいはそこで行われている事業内容を知らない、臨界や中性子線などの用語を知らない、など、分からないことだらけだった。村上村長も、JCOの業務内容について知ってはいたものの燃料加工工場での臨界事故は考えられず、原子力施設としてそれほど注目していなかったという (箕川 2002: 62-63)。

　このことは、JCO臨界事故が起きた時の反応にも深くかかわる。福島原発事故後に原発の危険性を強く認識するようになったというある方は、次のように語る[6]。

　　　JCOのときも東海村にいたんですけど、多分、実際に起きた深刻さを分かっていなかったです。マスコミのヘリコプターが3機か4機か来て、毎日のように、いつも道路でリポートしているところを見て、大丈夫なのに何でこんなに騒いでいるんだろうとか思いながら〔中略〕そんなに、何か大ごととっていうふうに捉えていなかったよね。〔中略〕やっぱりその怖さっていうのを知らないと、怖がることもできないっていうか、知らないことに関しては、恐怖感も湧かないよね。

　では、このJCO臨界事故とは、どのようなものだったのだろうか。次節では、その経緯と事故が与えた社会的影響について見ていこう。

3. JCO臨界事故

(1) 事故の経緯

　事故の舞台となったJCOは、1973年に操業を開始した住友金属鉱山核燃料事業部を前身とする、村内では比較的初期からある施設である。ここでは、前述した再処理工場火災の後に改組された旧動燃、「核燃料サイクル開発機構」の高速実験炉「常陽」の燃料用に、濃縮度18.8％の硝酸ウラニル溶液の製造を行っていた。高濃度の核燃料物質が集積すると臨界反応が起きることから、保安規定で作業手順が決められているが、JCOでは簡略化していた。濃縮度の高い硝酸ウラニル溶液を大量にバケツで移し替えようとしたために、臨界反応が起きてしまったのである。

　事故が発生したのは、1999年9月30日午前10時35分である。現場にいた作業員3名が多量の放射線を浴び、ただちに救急車で国立水戸病院に運ばれたが、搬送先が定まらず、国立放射線医学総合研究所にヘリコプター搬送されたのは、15時過ぎだった。救助に向かった消防隊員も臨界事故であることは知らされず、被曝することになる。国、県、村が事故の報告を受けたのは事故後40分以上たってからであり、その後も、総合的な対策本部の始動は遅れた。科技庁などによる対策本部が設置されたのは15時、臨界停止に向けた対策が検討されたのは夜に入ってからであり、深夜、社員ら関係者による決死の作業が行われ、翌日早朝、臨界停止が確認された。

　突然の臨界事故は、東海村にも厳しい決断を迫ることになった。12時30分に屋内退避を勧告した後、東海村は15時に350 m以内の住民の避難を開始している。その経緯について村上村長は、JCO社長から、理由の説明なくとにかく避難させてくれという要請があり、茨城県に問い合わせたところでは屋内退避で十分と言われ、国の対策本部には電話がつながらないという状況のなかで、村長の首をかけての決断だったと述懐している（箕川 2002: 67-69）。この決定について、後の『原子力安全白書』は、「国の初動対応が必ずしも十分でなかったため、避難の適否を地元地方公共団体に速やかに伝える点に問題があり、国や県の指導助言なしに村が独自で判断したものであっ

たが、その後の周辺の線量測定から、この判断は妥当なものであった」と記述する (原子力安全委員会編 2000: 12)。実際、その後の22時30分には茨城県知事の発言として、10 km圏内の住民に屋内退避が勧告された[7]。この屋内退避勧告について『原子力安全白書』は、「この時点では事態が依然終息していなかったこと、東海村周辺に設置されているモニタリングステーションのうち、現場から約7 km離れたところでの線量測定値が変動していたこと等に加え、政府対策本部より、住民の安全確保には念には念を入れるとの方針が示されていたことを踏まえた判断であった」と評する (原子力安全委員会編 2000: 12)。当時の記録としてはまったく違和感がないが、後の福島原発事故の避難指示と比べると、かなり慎重な対応だったことが分かる。

(2) 事故後の原子力安全行政

　日本で初めての臨界事故であり、かつ死者を出すほどの重大事故であったことに加え、1995年の高速増殖炉「もんじゅ」ナトリウム漏れ火災、1999年7月の敦賀原発2号炉冷却水漏れなどの事故が続いていたこともあり、JCO臨界事故による原発関係者への衝撃は大きかった。そこではモラルハザード、セーフティカルチャーの欠如が強く指摘されたが (原子力安全委員会編 2000: 18-19)、ただし、それが安全管理だけの問題なのか、それとも核燃料サイクルや原子力行政の仕組みそのものに起因しているのかは、今日に至るまで見解が分かれたままである。

　2000年4月に原子力安全委員会が科学技術庁から総理府に移管され、2001年には原子力安全・保安院が設立されるなど[8]、原子力安全行政には大きな変化が見られた。村上村長も、産業としての原子力の将来を見切り、2012年の「TOKAI原子力サイエンスタウン構想」につながる高度科学研究文化都市への総合計画に着手する (箕川 2002: 194)。

　他方、問題が現場のモラルの問題へと矮小化され、原発や核燃料サイクルをめぐる組織的な課題については見直しが進まない、との批判もある[9]。茨城県や東海村にとっても同様で、JCO事故は原子力施設の安全性を揺るがすきわめて衝撃的な契機であったが、その衝撃の強さは人によって異なり、

126

地域全体が原発そのものを問うには至らなかったようにも感じられる。茨城県は、1997年の事故で停止されていた再処理工場の稼働を2000年11月に認め、国際熱核融合施設の誘致活動などについても見直すことなく継続した（河野 2005: 129）。

(3) JCO臨界事故による東海村への影響

　JCOの事故で核分裂を起こしたウランは1mg程度で、福島原発事故などとは異なり放射性物質の大量放出はなかったが、中性子線やγ線は多量に放出された（田切 2002: 2）。科技庁などによる調査での被曝線量推定では、高い数値が出すぎないようにする「切り下げ」が行われたというが、その推定でも1mSv以上の被曝を受けた住民が112名、最大値は25mSvになるという（JCO臨界事故総合評価会議 2000: 33）。

　JCOと道を隔てて隣接する自営の会社で被曝した大泉恵子は、下痢に始まる消化器の疾患とPTSDに長く悩まされることになり、夫の大泉昭一とともにJCOを相手とする訴訟を起こした。住民の被曝と訴訟は注目され、今日でもJCO事故を語り継ぐ際の主題の一つである。だが、この主張は、司法や原子力関係の科学者の主流から重視されたとは言いがたい。原告は地裁、高裁の両方で敗訴し、2010年に最高裁で上告も棄却された。こうした経緯を見ると、JCO臨界事故は、「9月30日は原子力災害へ対処する決意を固めさせた原点として、常々に思い起こされなくてはならない」と強調された一方で[10]、被害は軽視され、事故の責任追及などについては幕引きが急がれた感がある[11]。

　事故の影響を長期化させないようにする傾向は、東海村の住民にも見てとれる。2000年9月に茨城大学地域総合研究所が行った住民アンケートでは、原子力事業による地域への波及的メリットが「ある」と答える割合が東海村では74.8%と他市町村の2倍近く、東海村の原子力施設の方向についても周辺市町村にくらべて推進ないし現状維持の割合が高いことを示している（茨城大学地域総合研究所編 2002: 217-218）。

　同じように、2000年2月にJCOから2km圏内の住民を対象とする統計調

査を行った長谷川公一は、今後における東海村の地域づくりと原発増設について、「増設一般には批判的で、村としては原子力と共存」という人が43.2%と多数派を占め、残りの半数は「原発増設に肯定的で原子力と共存志向」と「原発増設に否定的で新産業志向」にほぼ2分されるという調査結果を示す（JCO臨界事故総合評価会議 2000: 188-189）。

　また、JCO事故による茨城県農業への影響が長期的であると同時に、営農意欲などにも及んでいることを指摘した茨城大学の河野直践は、茨城県での事故後の原子力施設への議論が、「防災対策などに矮小化されがちで、施設の掘り下げた有用性論議や是非論議にまで踏み込むことが忌避されている感が否めない」と茨城県の対応の鈍さを嘆く（河野 2002: 42）。なお、農業と原発とは共存できないと明言する河野の考察は（河野 2009など）、福島原発事故後に再び見直されることになる。

　こうした揺れ動きや迷いをともないながらも、JCO事故によって、原発の存在を疑問視する意識が村のなかで大きくなっていったことは、事実である。2000年1月23日の村議会選挙では、1997年の再処理工場火災を契機に「脱原発とうかい塾」を立ち上げた相沢一正が当選し、東海村で初めての「脱原発」議員となる[12]。それまでも村上村長と同じく議会のなかにも原発に慎重な意見は存在していたが、脱原発を中心的な旗印とする議員が生まれたことは、原発について自由に意見交換できる可能性を示したのである（茨城新聞社編集局編 2003: 45）。

　相沢は、福島原発事故4カ月後の記事に、20世紀後半の東海村が「豊かな村」であると同時に「危険を累積した村」となっていく過程でもあり、「事業所・会社側からの住民宣撫の諸行事や『安全神話』のアナウンスでそれらの危険には蓋が被せられて辛うじてバランスが保たれてきた」と書いた上で、21世紀初頭の10年は、事故を意識化させ続ける運動が継続した一方、原子力に好意的な空気にも影響されながら事故の「風化」が少しずつ進む、「一種過渡状態にあった」と記している（「MOCT」編集委員会編 2014: 333-334）。この記述のように、東海村にとって、3・11の頃は引き裂かれながら揺れ動く状態が落ち着こうとしていた時期であった。その矢先に福島原発事故が起きた。

128

この事故は、東海村に再び大きな衝撃を与えることになる。

---

4. 福島原発事故と東海村

---

(1) 東海村での3・11被害

　2011年3月11日の東日本大震災は、茨城県にも大きな被害をもたらした。東海村も震度6弱を記録し、約4〜5mの津波に襲われた。常陸那珂火力発電所関係で死者4名、重症者1名の被災が生じたのをはじめ、倒壊や浸水などの建物被害も約4000件におよんだ。村内15カ所の避難所には全村民の約1割にあたる3514人が避難し、電気、ガス、水道、道路などのライフラインも絶たれて、食糧や物資の不足も顕著だった。電気は14日にほぼ復旧したものの、ガス水道の復旧は1週間後、常磐線の再開は4月7日である[13]。

　その混乱のなかで福島原発の爆発が発生し、3月15日のピーク時には東海村でも約3 μSv/hの空間線量を記録した[14]。「低認知リスク」「低認知被災地」と指摘されるように茨城県の放射能汚染は福島原発周辺の激甚な汚染に比べて注目されなかったが、東海村を含めた茨城県の広域で問題関心を共有する人たちが活動を起こしている（原口 2013）。

　もう一つ、東日本大震災にかかわる東海村でのリスク要因となったのは東海第二原発である。これも福島第一と同じく、震災で原子炉は自動停止したものの、非常用ディーゼル発電機海水ポンプが津波により水没し、危機的な状況にあった。村上村長の言葉を借りると、「本当に偶然がいくつも重なって、どうにか難を逃れた」のである（村上・神保 2013: 26）。海水ポンプ室の防潮壁は津波の高さから70 cm高いだけで、それも半年前に嵩上げされたばかりだった。また、その隙間をふさぐ工事が完了したのは震災1週間前に過ぎず、それでもケーブルなどの穴があったために海水ポンプの1台が止まっていた。原子炉に冷却水を入れるのに炉内の気圧を下げるため計170回のベントを行う必要があり、13日に外部電源が復活して15日にようやく冷温停止した。さらに、こうした危機的状況を村長・村議会が知らされたのは3月23日になってからだった（村上・神保 2013: 26-37）。

こうした経験を経て、村上村長は東海第二原発の廃炉を訴えるようになる。同じく、村の住民のなかからも廃炉、脱原発の声があがってくる (原口 2017)。

(2) 東海第二原発廃炉への訴え

村上村長は、2012年4月に枝野幸男経済産業大臣に対して東海第二発電所の永久停止・廃炉などを要望する意見書を手渡した (『読売新聞』2012年4月5日付)。老朽化と避難計画の問題が主な理由である。東海第二原発は、日本最初の商業用原子炉である東海原発に隣接し、100万kw級の軽水炉としてはもっとも古い1978年の運転開始である。同じように2012年7月31日には相沢一正村議らを共同代表とする東海第二原発運転差し止め訴訟が水戸地裁に提起された。

また、2014年12月に東海第二発電所安全対策首長会議は、安全協定の範囲を現在の5市村 (ほぼ10 km圏内) から15市町村 (30 km圏内) に拡大するよう事業者の日本原電に申し入れた。この範囲には、水戸市、日立市などの大半が含まれ、100万人ほどが居住している。さらに、その外側は、そのまま首都圏につながっており、避難経路・避難先の両面で避難計画の策定はきわめて難しい状態にある。そのため、つくば市、筑西市などの議会が廃炉要求の意見書を可決させるなど、東海第二原発の廃炉を求める声は県内にある程度浸透しているとみることができる。

福井県の各原発や浜岡原発をめぐる自治体の動向でも明らかなように、原発については立地自治体がより積極的、周辺自治体がより慎重な姿勢を示すことが多い。東海第二原発に関してもその傾向はみられる。2015年11月に東海村議会原子力問題調査特別委員会は、2013年に村民から出されていた、村の避難計画ができあがるまで同原発を再稼働させないことを求めた意見書採決の請願について、審議未了のまま採決を見送った[15]。現議会としての意見を表明しないまま事実上の廃案にしたことになる。2012年の村議選の結果では原発の推進派と慎重派はかなり拮抗した構成だったが、2016年1月の村議選では原発推進派が過半数を占める結果になった (『朝日新聞』茨城版2016年1月25日付)。ただし、これは原発推進側の圧倒的な勢力を示すものと

もいえない。議員のなかには、賛否を明確にしない人もいる。それは、支持者の間にもいろいろな立場の人がいて、また、同一人物のなかにも両方の思いが揺れ動いている状況を反映している。

　　東海村も、田舎だけど、原子力関係の人たちの中でも、やっぱり、いろんな人が研究者の中にいたりするわけですね。また、婦人方は別な感覚をもっていたりする。〔中略〕そういうことがあったりして、多少、都市化している部分もあったんだと、今考えると思うんです。それが、風が吹いたことで動いたということではないかと思うんです[16]。

　この風が、今後、どのように動いていくのか分からないが、20世紀の終わりから21世紀はじめにかけてのこの20年ほどは、少なくとも、その風向きが変わり得るのだということが明らかになった過程だということができる。

(3) 東海村における原発への意識とその変化

　先述のように、東海村では原発が身近だったために、安全性への疑問をもちにくい状況が続いてきた。齊藤充弘は、原研立地直後に比べてその後は原子力施設の危険性に不安をもつ人が増えたものの、関連施設の立地が順調に進んだ80年代には「危険」という意識より「安全」という意識をもつ人が増え(齊藤 2002: 110)、JCO事故後の地理的比較でも東海村は周辺地域より事故発生への意識が低いことを指摘する(齊藤 2002: 154)。

　安全への感覚は経済的メリットへの意識とも関連している。2010年から12年にかけてJCO事故地点から10 km範囲内の住民意識を毎年実施した茨城大学地域総合研究所の渋谷敦司は、2010年から福島原発事故後の2011年にかけて、那珂市やひたちなか市で「成長指向・原子力肯定」のクラスターから「脱成長・脱原発指向」のクラスターへと、最多数グループの構成が変わったのに対して、東海村や日立市ではその変化が遅いことを示す(渋谷 2013: 40)。2011年の調査結果では、東海村に「原発問題中立派」が比較的多く「原子力肯定派」と合わせると過半数に達したのである。だが、2012年に

第 5 章　茨城県東海村における JCO 臨界事故と東日本大震災　*131*

なると東海村でも「脱成長・脱原発指向」クラスターが増え、「成長指向・原子力肯定」クラスターと拮抗するまでになる[17]。

　そこにかかわると考えられるのは、一つには住民が自由に不安などの意識を表明できる機会であり、もう一つには地域外の動向である。前者からいえば、経済的メリットは新しい建築物や道路などの形で目に見えるのに対して不安やリスクは見えず、言葉がなければ意識もしにくい。東海第二原発や避難計画をめぐる3・11以後の経験は、それを語る機会になったのである。たとえば上記の「日本原電東海第二原発で過酷事故が起きた場合において、具体的な避難計画の策定ができないかぎり再稼働は認めないとする意見書採択を求める請願書」を提出したのは「リリウムの会」という村内の女性たちによる小規模な集まりである。東海村の花「スカシユリ」に由来する名前のこの会は、次のように自己紹介する[18]。

　　私たちは、福島原発事故から学び、東海第二原発を再稼働させず、廃炉にしたいと願う会です。この会は、2011年3月11日の福島第一原発〔事故〕の後、原発に不安を感じ、東海村議会に再稼働中止を求める請願書を提出したことをきっかけに誕生しました。〔中略〕
　　この社会が原発についての諸問題や被ばくに対する不安を口にしにくい社会だとしたら、どんなに経済的に豊かでも、それは健全ではありません。お金と権力がものをいい、真実が隠され、住民が犠牲になることに鈍感な社会が、住みよい社会でしょうか？
　　大切なのは、人の命を最優先させること、経済や組織、そして国家の論理に振り回されないことだと思います。

　リリウムの会では、たとえば「核のゴミ MAP ＠東海村」を作成し、イベントでのポスターとして掲示したり、印刷して配布したりしている[19]。内容は情報公開請求にもとづいて東海村から得られた資料であるが、それを地図に落とすことで東海村が多様かつ大量の放射性廃棄物に囲まれており、その多くが非常時の主要な避難経路になるはずの国道6号および国道245号に

沿って配置されていることが分かる。この状況を急に変えることはできないのだが、そのなかでどのように安全を高めていくか、ともに考えていくことが、同会が求める点である。

　こうした発言を地域のなかで可能にするためにも、地域外での動向は重要な意味をもつ。社会的な議論が活発化することは、第一に、その発言を聴こうとする関心があることを示し、第二に、多くの人が自由に発言できることの例証になる。そして、第三に、多様な可能性を考えることにつながる。原発をめぐる安全神話は、安全性を専門家の審査に委ね、原発稼働をめぐる意志決定を企業と地元と国の一部関係者にかぎることで成り立ってきた一面がある。そのなかで安全の課題は、活断層の有無や防潮堤の高さなど個別の事象に特化されてしまうことも少なくない。それが「想定外」の多さにもつながる。

　その中でリリウムの会は、一方で東海村の各施設に放射性廃棄物がどれほど蓄積されているかを地図に示し、他方で、東日本大震災で破壊された橋や道路の多さを指摘する。この両者は一見すると別の行政課題だが、災害時の避難の際には重なり合うのである。このように住民の視点から具体的に見ていくことで、多くの課題も浮かび上がるのである。一つひとつは細かく、実際に発生する確率にも差があるかもしれないが、そうした多様な意見を考えることは、東海村の安全性向上にとっても、有効だろう。また、それは、多様な側面をもつ東海村の特長を活かすことにもなると考えられる。

5.　地域経験の共有に向けて

　冒頭に示したように、JCO臨界事故は原子力について「分からない」こととその怖さを体感させる「想定外」の事故として捉えられた。だが、今日ふり返ってみると、その「想定外」は、新たな安全対策と信頼回復に吸収されてしまい、「分からない」ことはなかったかのように見失われてしまった。原子力安全行政が大きく変わった一方で、原子力委員会には大きな変化がなかった。事故後、数年間の沈黙を経て刊行された『原子力白書　平成15年

版』は、JCO事故について、原発の必要性を述べた後の「国民の信頼回復を目指して」の取り組みの中で言及するにすぎない[20]。JCO事故の教訓も活かされなかった、と東海村の村上達也前村長は批判する。

　　結果的に、JCO事故の教訓というのは、その後、まったく活かされてこなかったということでしょうね。原発を国策だ、国策だと言いますよね。この言葉が表すのは、国の権威・権力ですよね。そういう素地のうえに、産学官が共謀して、原発にいっさいの疑問を投げかけることを許さない、安全神話なんていうものがつくり上げられてきたのですよ。私は、「JCOの臨界事故から、福島原発事故までは一直線だ」という言い方を最近ではよくしています。

　　　　　　　　　　（村上・神保 2013: 75-77。引用者による中略あり）

　原発に関する「分からない」部分への疑問を許さない姿勢は、福島原発事故後にもくり返されようとしている。「わからないこと」をあたかも存在しないことであるかのように見なす態度は非科学的だが（影浦 2013: 24）、今日にも続いている。調麻佐志が指摘するように、低線量被曝リスクをめぐる不安について、政府や一部の専門家は、科学的には結論づけられないはずの100 mSv以下のがんリスクを否定し、現実に存在しリアルに対処されるべき住民の不安を「あり得ない」反応として退けようとする（調 2013: 59, 72）。その否定には、さまざまな権威が用いられる。

　高木仁三郎は、チェルノブイリ原発事故の直後から「日本では原子炉のタイプが違うから起こりえない」という議論がすでに目立ち始めていると指摘し（高木 2011: 13）、翌年の次のような経験を紹介している。

　　昨年五月の事故直後に原子力安全委員会を訪れたとき、御園生圭輔委員長は、力のない声ではあったが、「日本の原発についてわかっていないことはない」と言い切った。今年の六月に訪れたときには、「日本の原発が安全だと言うなら、その根拠資料を公開して欲しい」という要求

に対して、それは、「各科学者のノー・ハウ (技術的秘密)」だと言い捨てた。

(高木 2011: 165)

このエピソードが示すのは、「分からないことはない」という証明は難しいが、それを疑うことが許されなかったということである。日本の安全神話は3種類のサポートを受けて現実の力を発揮してきた。科学者や国策という権威と、経済的な利益構造、そして、施設が一部の地方にのみ集中する結果としての社会的な無関心である。この状況を解決するための動きは、「奪われた現実の不安、現実のリスクを科学的権威から取り戻す」ことから始まる (調 2013: 76)。それは、個々の住民から見ると、「分からないものは、分からない」「分からないから不安だ」「分からないけど不安だ」という声を発し続けることだとも言えよう。

半世紀にわたって原発とともに進んできた東海村は、こうした不安と安全の関係を体現してきた地域である。50年間の実績と経済的利益もあって、多くの人は原発について「分からない」ことはないという認識を自然に受け入れてきた一面がある。だが、他方では、地域の内外での課題を通じて少しずつ原発について「分からない」ことを指摘する声も大きくなってきた。そこには訴訟や選挙のように明確な主張もあり、また、リリウムの会による「核のゴミMAP」のように分かっているリスクを可視化しようとする静かな動きもある。2011年以降とくに重視されるのは、大災害が起きた時にどう避難すればよいのか「分からない」ということである。これは、住民一人ひとりが具体的に考えるほど難しさが増す、身近な「分からなさ」である。

中でも東海第二原発の再稼働・運転延長をめぐっては、避難などの課題が周辺の市町村にも共有され、それによって原子力施設の地元同意がなぜ立地自治体のみを対象とするのか、といった課題も政治的争点として大きくなっている。

今後、原子力政策を全国的な議論につなげていくためには、地元の人にとって「分からない」課題を、その人たちだけに任せるのではなく、より多

くの人が関心を示すことによって、権威・権力や経済的利害にかかわらず、「分からない」ことについて話し合える状況をつくっていくことが求められる。

注

1 隣接2、隣々接1を含む。また、東海発電所と東海第二発電所は同じ「日本原子力発電（株）」として1つに数える。

2 2005年に、日本原子力研究所（原研）と核燃料サイクル開発機構（旧動力炉・核燃料開発事業団。略称、動燃）を統合再編して、独立行政法人日本原子力研究開発機構として設立された。同機構の東海村研究開発センターには、旧原研の「原子力科学研究所」（職員数、約1000名）と旧動燃にあたる「核燃料サイクル工学研究所」（職員数、約950名）が別施設として立地している。

3 原研の立地候補地の選定にあたっては、科学者・技術者のための交通の便も選定要件の一つであり、最初の有力候補地は横須賀市武山地区であった。東海村が候補地にあがった時には「水戸市郊外」とだけ記され、村の名前も知られていなかった。JCO事故の際に被曝した作業員3人がヘリコプターで搬送された放射線医学総合研究所は、当時の計画では東海村の旧動燃敷地内に整備される予定だったが、医師や技師たちが東京から遠く離れた東海村への移住に抵抗して、現在の千葉市に計画変更されたという（茨城新聞社編集局編 2003: 82）。

4 こうした関心は、後の東海第二原発反対運動などにつながる（水戸市でのヒアリング、2015年2月20日）。

5 東海村「東海村の概要」（https://www.vill.tokai.ibaraki.jp/viewer/info.html?id=189）2017年3月26日閲覧。

6 村内でのヒアリング（2014年2月12日）。

7 茨城大学地域総合研究所が2000年末に行った住民意識調査結果でも、事故対応についての国や県の評価がかなり低いのに対して、東海村では周辺自治体に比べても村の対応への満足度が高い（茨城大学地域総合研究所編 2002: 211）。

8 原子力安全・保安院は、福島原発事故後の政府の説明主体として目立ったが、その後解体されて原子力規制委員会に任務が移管された。

9 舘野淳らは、「国つまり原子力安全委員会や科学技術庁」の責任として、事故発生後の対応の遅さなど「防災上の対処の拙劣さ」とともに、「施設の安全審査や監督上の問題」をあげ、事故調査報告書も後者については問題があるように書きながら責任追及はしていないと批判する（舘野ほか 2000: 38-39）。

10 原子力安全委員会編（2000）の「はしがき」にある松浦祥次郎原子力安全委員会委員長の言葉。この「はしがき」は、「平成11年は、我が国の原子力開発利用の歴史において、決して忘れることのできない、忘れてはならない苦い記憶を刻み込むものとなった」と始まる。

11 刑事訴訟は2003年3月、JCOに罰金100万円、同社東海事業所長ら社員6名にいずれも執行猶予付き禁固刑という水戸地裁判決で終結した。

12 相沢は、2004年の村議選では惜しくも落選し、2008年には16位で、2012年に

は4位で当選している。2016年の村議選では後継者にバトンを託した。

13 東海村 (2012) の「被害状況」および村上村長による「はしがき」による。

14 茨城県「原子力災害情報 (福島第一原子力発電所事故関連)」(http://www.pref. ibaraki.jp/seikatsukankyo/gentai/anzen/nuclear/radiachion.html) 2016年2月8日閲覧。

15 東京新聞茨城版「『東海第二の再稼働認めない』市民団体請願　東海村議会特別委が採決見送り」2015年11月12日 (http://www.tokyo-np.co.jp/article/ibaraki/list/201511/CK2015111202000212.html) 2016年2月8日閲覧。なお、東海第二の再稼働に関する同様の請願とその不採択は、これが初めてではない。

16 村内でのヒアリング (2013年6月14日)。

17 「成長指向・原子力肯定」は、2010年には日立市、東海村、那珂市、ひたちなか市を通じて最大グループだったが、2012年に那珂市、ひたちなか市では最小グループのクラスターになっている。

18 『リリウム通信』第6号、2014年2月10日発行 (http://blogs.yahoo.co.jp/liliumnokai/GALLERY/show_image.html?id=11132890&no=0)。

19 「リリウムの会」ブログ (http://blogs.yahoo.co.jp/liliumnokai/12195850.html) 2017年3月26日閲覧。

20 原子力委員会『原子力白書　平成15年版』(http://www.aec.go.jp/jicst/NC/about/hakusho/hakusho2003/index.htm)。ちなみに、『原子力白書』は福島原発事故後も2011年から刊行されていなかったが、2017年9月に6年ぶりに刊行された。

文献

茨城新聞社編集局編，2003，『原子力村』那珂書房.

茨城大学地域総合研究所編，2002，『東海村臨界事故と地域社会』茨城大学地域総合研究所.

開沼博，2011，『「フクシマ」論——原子力ムラはなぜ生まれたのか』青土社.

葛西文子，2003，『あの日に戻れたら』那珂書房.

河野直践，2002，「地域農業論からみた『東海臨界事故』の論点と考察」茨城大学地域総合研究所編『東海村臨界事故と地域社会』茨城大学地域総合研究所，pp.27-44.

河野直践，2005，「原子力施設の立地問題と地域農業・農村振興の課題——各地における農業者・住民の対応実体調査をもとに」茨城大学地域総合研究所編『東海村原子力防災対策と地域社会』茨城大学地域総合研究所，pp.117-138.

河野直践，2009，『人間復権の食・農・協同』創森社.

原子力安全委員会編，2000，『原子力安全白書　平成11年版』大蔵省印刷局.

齊藤充弘，2002，『原子力事故と東海村の人々——原子力施設の立地とまちづくり』那珂書房.

JCO臨界事故総合評価会議，2000，『JCO臨界事故と日本の原子力行政』七つ森書館.

渋谷敦司，2013，「福島原発事故と茨城県における原子力政策をめぐる政治的争点の変化と住民意識」『茨城大学地域総合研究所年報』第46号，pp.19-47.

調麻佐志，2013，「奪われる『リアリティ』——低線量被曝をめぐる科学/「科学」の

使われ方」中村征樹編『ポスト3・11の科学と政治』ナカニシヤ出版，pp.51-82.
高木仁三郎，2011，『新装版　チェルノブイリ原発事故』七つ森書館.
田切美智雄，2002，「JCO事故でどのような事が起こったのか」茨城大学地域総合研
　　究所編『東海村臨界事故と地域社会』茨城大学地域総合研究所，pp.1-26.
舘野淳・野口邦和・青柳長紀，2000，『徹底解明・東海村臨界事故』新日本出版社.
東海村，2006，『東海村発足50周年記念誌　東海村50年の時』.
東海村，2012，『東日本大震災体験記──2011.3.11の記録』東海村.
東海村村民生活部防災原子力安全課編，2016，『東海村の原子力』東海村.
原口弥生，2013，「低認知被災地における市民活動の現在と課題──茨城県の放射能
　　汚染をめぐる問題構築」『平和研究』第40号，pp.9-30.
原口弥生，2017，「災後の原子力ローカル・ガバナンス──東海村を事例に」長谷川
　　公一・山本薫子編『原発震災と避難──原子力政策の転換は可能か』有斐閣，
　　pp.164-190.
箕川恒男，2002，『みえない恐怖をこえて──村上達也東海村長の証言』那珂書房.
村上達也・神保哲生，2013，『東海村・村長の「脱原発」論』集英社新書.
「MOCT」編集委員会編，2014，『いまここに在る──地域・拠点からの通信』（復刻
　　「MOCT」第1号～第40号）.

第6章 「低認知被災地」における問題構築の困難
——茨城県を事例に——

原口弥生

　茨城県は、福島原発事故による避難者を多く受け入れた避難先であるとともに、地震や放射能汚染の影響を受けた被災地でもある。地域の中では相対的に少数派であるが、茨城から避難する人たちもいた。その一方で、汚染された土地に残る住民は、増大する不安の中で、子どもを守るための活動を展開した。また茨城県は、前章の通り商業用原子力発電所が国内で初めてつくられた地でもあり、いまも原発が立地している。震災後、このように茨城という地域社会は放射能汚染、広域避難者の受入れ、そして原発の再稼働という、原子力をめぐる多様な課題に直面している。

　ここでは放射能汚染への市民や行政の対応を分析するが、問題の背景として、茨城県が被災状況について十分に社会的認知・承認を受けていない「低認知被災地」であることを指摘する（これはつまり当該地域の被害の過小評価を意味する）。本章では茨城を事例として、「低認知被災地」における市民のリスク対処行動や健康調査などの活動について述べたい。国の施策が進まない中、「低認知被災地」の市民が独自に開始した健康調査などの活動は、政策転換に向けた重要な意義を有している。

1. 広域汚染と避難

　東日本大震災・福島原発事故における特徴の一つは、多くの住民が県外に避難先を求めた大規模な広域避難（県外避難）にある。居住する地域を離れて、はるか遠方にまで避難するという行為は、放射能汚染からなるべく離れたい、安全な環境に身を置きたいという心情によるものである。福島第一原発事故

による放射能汚染が東日本の広域に及んだため、原発事故による避難は、福島県からだけではなく、その近隣県からも多く見られた。福島県に隣接する茨城県もその例外ではなかった。ピーク時には、茨城県北部のある自治体からは、277人の県外避難者が確認されている (乾 2016)。

　茨城だけではなく、他の北関東や首都圏からも多くの子どもと母親・家族が、北海道や西日本に避難した。全国各地で、当事者グループによる避難者支援が展開されているが、茨城、栃木、群馬、東京などからの行動力ある避難者が組織のリーダーとして活躍している例は珍しくない。

　原発事故後すぐに遠方に避難した人もいれば、汚染された地域で子どもを守るために、小学校の除染や給食の測定を自治体や議会に求めるなど、一定の活動を行ったあと、変わらない現状に限界を感じて避難に至った人もいる。あるいは、現在の生活の中断が求められる避難を実行に移すために、家族内の理解や仕事関係の調整のために時間がかかり、事故から1年後、あるいは2年後、それ以降にも事故当時住んでいた地域を離れた人々もいる。

　先に述べたように広域避難は、今回の東日本大震災・原発事故における大きな特徴である。ただし、避難指示が出ていない地域において、実際に半年以上に及び避難した人は、福島県内をはじめ、さらに近隣県では圧倒的少数派である。生活環境全てが汚染される事態を受けて、住み続けながら声を上げて現状を変えようとした人々と、汚染された地から避難することで被ばくを避けようとした人々とがいた。

　避難指示が出なかった汚染地域における状況は、アルバート・ハーシュマンの言う「発言 (voice)」と「離脱 (exit)」に相当する。「発言とは、不愉快な事態から逃避するよりも、とにかくそうした事態を変革しようと立ち上がることであると定義される」(Hirschman 1970 = 2005: 34)。すなわち、その地域にとどまり、被ばくを避けるための諸策を実施するために行政や社会に訴え続ける状況は、ハーシュマンの「発言」に匹敵し、汚染された居住地を離れることで放射線にさらされる状況を避ける選択は「離脱」とも言える。ハーシュマンは、「発言オプションは、離脱オプションが使えない場合、不満を抱いた顧客・メンバーが反応することのできる唯一の方法である」とし「発言の

役割は、離脱の機会が減少すればするほど大きくなる」と書いた（Hirschman 1970 ＝ 2005: 37-38）。

「離脱」できるにもかかわらず「離脱」オプションを活用せず、「発言」オプションを選択する場合の基準について、ハーシュマンは多くを指摘しているが（Hirschman 1970 ＝ 2005）、震災後の放射能汚染地域に当てはめると、次のようになる。① 住民が放射能汚染により環境リスクが高まった地域において、（発言によって）汚染状況が改善する可能性という不確実性を、離脱（避難）という不確実性と比較してどれだけ主体的に引き受けようとするか。② 住民が、組織や行政・地域社会に対して行使しうると考える影響力の度合い。

ハーシュマンの言う組織への「忠誠心（loyalty）」が強ければ、「離脱」オプションをとる可能性は低くなる。「発言」にせよ「離脱」にせよ、個人の選択であり、個人の意思次第ではあるが、帰属組織や集団への忠誠心が強い日本において、「離脱」オプションの選択は困難と見られてきた。それだけに、これだけの避難指示区域外からの避難者が現れたことは注目すべき社会現象である。実際、新聞・マスコミや多くの研究者の関心を集めてきた（関西学院大学災害復興制度研究所ほか編 2015；日野 2016；吉田 2016など）。

放射能汚染地域からの避難は、現在の職場・学校・人間関係・地域社会という人の生活基盤や生活設計の変更を余儀なくするものである。すなわち、震災時に過ごしていた日常生活そのものからの離脱を意味し、ハーシュマンが想定した以上に、この離脱オプションの選択は大きなコストを伴った。しかし、放射能汚染地域からの「離脱」によって、「被ばくを避ける」ことができる環境、またそれに付随する「安心」を得ることはできるが、残した家族・家屋・土地・地域といった物理的・心的つながりから完全に「離脱」する人はほとんどいない。

避難という選択を決意するには多くのものを捨てる覚悟が必要で、簡単な選択ではなかった。それでも福島県内からはもちろん、茨城をはじめ福島以外の地域からも多数の家族が避難した。

その一方で、悩みながらも汚染された土地に残った住民もまた、増大する不安の中で日々を過ごした。2012年3月、茨城の県庁所在地・水戸市に隣

接するひたちなか市の文化会館大ホールに、県内各地から多くの住民が集まった。震災後に結成された住民グループ「希望のかけはし会」が主催した講演会「いま、ここでできること——チェルノブイリをくり返さないために」を聞くためだった。講師は、チェルノブイリ事故後の医療支援活動に参加していた菅谷昭・松本市長である。筆者も参加した会場は満席だったが、とにかく重苦しい雰囲気が漂っていた。講演が始まり、講師の菅谷が静かに発した言葉は、「皆さん、顔を上げてください。前を向いてください」だった。さまざまな情報が飛び交う中で子育てをする不安に満ちた親の顔が、一斉に菅谷の言葉を追った。原発事故から1年が経過しようとする中、放射能汚染という目に見えないリスクに怯えそして格闘している親の姿があった。講演の中で、菅谷は「避難するか、しないかは、自分で決めるしかない。私に聞いても答えられないので、聞かないで欲しい」と何度か念を押したにもかかわらず、質疑応答では、フロアの参加者から自宅の線量を伝えたあとで「どうしたらいいでしょうか」という、避難すべきかどうか迷っている不安、どこかで「避難する必要はない」という言葉を待つ質問が繰り返し出された。この時期、多くの住民がまだ不安の中にいたのである。

2. 「低認知被災地」としての茨城県

(1)「低認知被災地」の特徴

「放射性物質汚染対処特措法」のもと、自治体除染の対象となる地域（汚染状況重点調査地域）は、全国に99市町村あるが、県別に見ると、39市町村の福島に続いて、茨城は20市町村と2番目に多い（2014年11月17日告示公布）。茨城県でも除染活動や市民による放射線被ばく低減のための活動が行われてきた（原口2013）。

茨城県は「低認知被災地」だと述べたが、これは、ある地域が、社会からより高い関心を受けるのが妥当と思われる被災状況にありながら、十分に社会的認知・承認を受けていないことを示す。つまり「低認知被災地」とは、ある地域の被災状況への社会的関心と社会的承認の欠如を示唆するタームだ

が、それにとどまらず、より積極的にはその地域への社会的・制度的対応を暗に要求するものでもある。いわゆる激甚被災地ではないために、被災や被害の証明がより困難な状況にあり、問題の社会的構築の重要性が増す地域と言えよう（原口2013）。

一般的には、「低認知被災地」における特徴として、次のような点を指摘することができる。① 福島第一原発事故による放射能汚染は広域に及んだにもかかわらず、フクシマという言葉に象徴されるように、福島県のみの問題にされる傾向。とくに激甚被災の発生の際には、被害がもっとも甚大な地域に各方面からの資本や人的資源などが投入され、結果としてその周辺地域への公的支援が手薄になる。② 行政・住民のリスク認識が乏しいため、被災の中心地とは異なる局面でのリスク発生の可能性。③ 貧弱なデータ蓄積のため判断も難しく、低レベル放射能汚染に対する判断の困難性。④ 問題認識が地域住民のあいだに広がっていないため、不安な声を上げることの困難さ。

(2)「原発事故子ども・被災者支援法」への期待

2011年3月11日の東日本大震災発生から、3月21日に福島県、茨城県、栃木県、群馬県のホウレンソウ類や福島県産の原乳に対し出荷制限がかけられるまでの約10日間、避難指示地域以外での放射線防護は、ほぼ無策だった。

とはいえ、茨城でも3月15日には東海第二原発とその他近隣施設では毎時5マイクロシーベルトの空間線量率が検出されており、通常の毎時0.05マイクロシーベルトに比べると約100倍の放射線量の中にあった。しかし、幼稚園・保育園、小学校・中学校・高校などは、地震で倒壊したり、断水等によって被災した教育施設を除き、通常通り運営されていた。

隣県では、最悪レベルの原発事故が発生しているにもかかわらず、茨城県では休校などの防護措置が取られることもなく、子どもたちは通学していったし、津波や地震、液状化によって断水した地域では住民は何時間も屋外で給水を待った。

たとえば、福島県内であれば、福島第一原発から約80 km圏にある福島市

内でも、事故後、サーベイメータを用いて放射能汚染の測定が行われ、屋外で避難所誘導など震災対応をしていた行政職員が、高い汚染レベルのため除染の対象となったケースもあった。他方、同じ福島第一原発から80 km圏にある茨城県日立市やその周辺地域では、一般住民を対象としたスクリーニング検査は実施されていない。

2011年4月以降も、この状況は変わらなかった。確かに、空間線量率で見ると、2011年5月時点で福島市のある観光地では地上1 mの測定値として毎時2.72マイクロシーベルトの記録があり[1]、同時期の日立市内の小学校の最高値である毎時0.376マイクロシーベルト[2]よりもはるかに高い。しかし、大気中の塵などに付着して浮遊する放射性セシウムによる放射能濃度に関しては、大気科学の研究者による調査が開始された2011年5月から10月までに、福島市と日立市では大きな差異は見られなかった。セシウム137の大気放射能濃度（単位体積の大気中に含まれている放射性物質からの放射能）は、福島市と日立市で交互に増加しつつも、全体的には両市とも減少傾向を示した。内部被ばくの一因でもある放射性物質の吸入においては、2011年5月から10月にかけて、福島第一原発から同じ80 km圏にある福島市と日立市では大差がなかったと言える。2011年10月以降は、両市ともに増減を繰り返し、なかなか減る傾向にはなく、福島市ではむしろ再浮遊による増加が見られる時期もあった[3]。

福島原発事故の影響は、原子力規制委員会のモニタリングマップから示されるように、今さら指摘するまでもなく、決して福島県内にとどまっているわけではない。2012年6月に成立した「原発事故子ども・被災者支援法」（以下、支援法）には、福島県内で避難区域外とされた地域や福島県外の多くの被災者が期待を寄せた。

茨城県内で初めて支援法に関する説明会が大学関係者により開催されたのは、週末の2012年10月28日であった[4]。講師には、福田健治弁護士（福島の子どもたちを守る法律家ネットワーク）を招き、茨城大学（水戸市）にて午前は福島県からの避難者、午後は茨城県の被災者を対象に行い、とくに午後の茨城の住民向けのセッションには多くの参加者が集まった。午前の福島セッショ

ンでは、支援法のもとでどのような施策が実施されるのかという質問が提起されたが、午後の茨城セッションでは、そもそも茨城県が「支援対象地域」に含まれるのかという大きな問題があり、どのような地域がどのように選定されるのか質問された。復興庁が各自治体の意向についてヒアリングを実施しているが、自治体内でも被災者支援の部署と農業などの産業関係の部署では意見が異なっていて、自治体として統一的な意見があるわけでもないことが示唆された。

　1週間後の2012年11月4日に、ホットスポットがある県南地域（守谷市）でも、支援法の説明会が市民団体の主催で開催された。前の週と同じような説明会であったが、水戸での説明会とは雰囲気がかなり違っていた。その理由は、男性の参加者が多かったこと、会場の雰囲気がより張り詰めており緊張感が強かったことにあると思われる。水戸での説明会は、市民グループ関係者、新聞記者や国会議員秘書など、一部男性もいたが、参加者はほとんどが女性であった。他方、県南での説明会では、一般市民の男性の参加者が目立って多かったが、その理由は質疑応答になって判明した。ある男性は「うちの妻と子どもは、県外に避難しているが…」と発言を切り出した。この説明会に一人で参加していた男性は他にもおり、家族が母子避難していた例は他にもあったと思われる。福島県外の地域から自主避難した住民への支援を求める声は、茨城でも大きな声ではなかったが、確かに存在した。

　茨城県内で放射能問題に取り組む市民グループが、支援法に対してもっとも期待したのは、支援対象地域に指定され国の予算により健康調査が実現することだった。しかし、支援対象地域は福島県の浜通りと中通りの地域に限定され、茨城県など周辺県は、準支援対象地域とされ、茨城県内の施策は給食の放射能検査程度であった。

---

3. 事故直後の放射線防護と食をめぐる行動調査から

　2013年5月、原子放射線の影響に関する国連科学委員会（UNSCEAR）は、福島第一原発周辺住民への健康影響に関する報告書案をまとめた（『福島民報』

2013年5月28日付)。報告書は「健康への明確な影響はないとみられる」としており、これ以降、福島県や国は被ばく影響によるがん発生については否定的な立場をとっている。

放射性セシウムによる初期被ばくも十分なデータに基づく結論とは言いがたいが、さらに困難なのは、放射性ヨウ素に代表される短半減期核種による事故初期における内部被ばく線量(とくに甲状腺等価線量)の推計である。放射性ヨウ素の被ばくは、甲状腺がんの誘因となりうることが知られているが、半減期が8日と短く、2011年3月以降、急激に減少した放射性ヨウ素による初期被ばくの実態は、データが少なく把握が困難となっている。2011年3月の事故直後のもっとも放射線量が上昇した時期、茨城県内各地では津波・地震被災からの復旧活動に追われていた。また、政府からの情報提供は、放射能汚染の重大さを十分に伝えることを第一の目的としておらず、情報提供を受けた人々がどのような食行動をとっていたのかは不明である。

ここでは、茨城県内の子育て中の保護者がどのように放射能汚染に対応したのか、2013年8〜9月に行ったアンケート調査をもとに見ていこう(本章で掲載した表は、表6-5を除き全てこの調査に基づく)。この調査は、県北(高萩市)・県央(笠間市)・県南(常総市)の3地点で行い、福島第一原発事故直後、

表6-1　アンケート実施概要

	配布数	有効回収数	回収率 (%)
高萩市	295	235	79.7
笠間市	338	211	62.4
常総市	307	244	79.5
3市合計	940	690	73.4

表6-2　断水の期間

(%)

	3日以内	1週間以内	1〜2週間	2週間以上
高萩市 (N=190)	3.7	41.4	47.6	7.3
笠間市 (N=81)	30.6	45.6	22.2	1.7
常総市 (N=75)	82.7	10.7	5.3	1.3
3市合計 (N=446)	27.8	37.9	30.3	4.0

第6章 「低認知被災地」における問題構築の困難 *147*

子育て世帯が食生活において、放射能汚染にどのように対応していたのかを聞いたものである[5]。放射性物質がもっとも大量に環境中に放出された時期、事故直後ということもあり汚染の実態や放射線リスクについての情報が少ないのと同じように、子育て世代の人々がどのように行動したのかもまた不明である。同じ茨城県内といえども、福島県に近い県北地域と、福島原発から150 km以上離れた県南地域では、津波・地震・原発事故による被災の程度も大きく異なるし(**表6-2**)、原発事故に対する市民の反応も大きく異なることが予想される。

表6-3、**表6-4**の通り、震災後に一時的に避難した世帯は高萩(県北)がもっとも多く14.4%であり、次いで笠間市11.1%、常総市2.3%と続いた。この避難数は、必ずしも放射能リスクへの反応だけではなく、停電・断水などの影響による避難も含まれていること、また調査時まで避難が継続している世帯は含まれていない点には留意したい。高萩市から一時的に避難した世帯について、避難先を見ると15世帯が県外への避難、11世帯が県内での避難であった。

表6-3　震災直後(2011年3月31日まで)の避難の有無

(%)

現在の居住地	現在地に滞在	一時的に避難	合計
高萩市 (N=181)	85.6	14.4	100.0
笠間市 (N=180)	88.9	11.1	100.0
常総市 (N=176)	97.7	2.3	100.0
3市合計 (N=537)	90.7	9.3	100.0

表6-4　一時的に避難した世帯の避難先(世帯数)

現在の居住地	県外への避難	県内での避難	合計
高萩市	15	11	26
笠間市	10	11	21
常総市	3	2	5
3市合計	28	24	52

注:必ずしも放射能リスクへの反応だけではなく、停電・断水などの影響による避難も含まれている。また、調査時まで避難が継続している世帯は含まれていない。

148

表6-5　2011年3月中の各市の水道の放射能汚染

県北・高萩市(蛇口水)	3月24日、ヨウ素73.9 Bq/kg、セシウム1.28 Bq/kg
県央・笠間市(蛇口水)	3月23日、ヨウ素170 Bq/kg、セシウム 不検出
県南・常総市	3月24日、ヨウ素50.1 Bq/kg、セシウム2.78 Bq/kg

出所：茨城県保健福祉部生活衛生課「飲料水の測定結果(総括表)」2011年3月25日19:00現在。

　2011年3月中の各市の水道の放射能汚染について見ると、**表6-5**の通り放射性ヨウ素については、高萩市で73.9ベクレル/kg、笠間市で最高170ベクレル/kg、常総市50.1ベクレル/kgという汚染が確認されている。野菜類の汚染については、2011年3月18日計測の日立市のホウレンソウで5万4100ベクレル/kgの放射性ヨウ素、高萩市で1万5020ベクレル/kg、ひたちなか市では8420ベクレル/kgなどとなっている。

　「出荷制限がかかった農産品の摂取」(出荷制限がかかった2011年3～4月当時の行動)については、常総市を除いて、「一切、食べないようにした」がもっとも割合が高く、高萩市(66.8%)、笠間市(59.6%)では過半数を超えている。福島原発に近い地域のほうが、慎重に対応していたことが分かる。逆に、出荷制限がかかった農産品を当時も「通常通り食べていた」割合は、県南(常総市)が3市の中ではもっとも高かった(**表6-6**)。

　出荷制限がかかった農産品を食べ続けた理由(複数回答)は、3市合計でもっとも多いのは「政府が『1年間食べ続けなければ大丈夫』と言っていたため、大丈夫だと思った」であった。複数回答ではあるが、県北(高萩)と県南(常総)では、この回答が過半数を超えている。

　震災直後に、家庭菜園や近隣の田畑で栽培された、出荷制限のかかった野菜を食べていた世帯があることは、アンケート結果からも明らかである。これにより即座に健康リスクが高まるということではないが、スーパーにも野菜が並んでいない時期に家庭菜園や自家栽培の野菜を食べていた場合、高濃度に汚染された野菜類を食べていた世帯があったとしても不思議ではない。

　全般的に、幼い子どもを持つ保護者は、汚染の懸念がある農産品の摂取には慎重であったことが示された。とはいえ、一部の住民は「通常通り食べていた」と回答しており、事故直後、高濃度に汚染された野菜類を継続的に摂

第6章 「低認知被災地」における問題構築の困難　*149*

表6-6　出荷制限品の摂取

(%)

	通常通り食べていた	摂取量を減らしたが、多少は食べた	一切、食べないようにした
高萩市 (N=202)	4.0	29.2	66.8
笠間市 (N=193)	6.2	34.2	59.6
常総市 (N=212)	12.7	44.3	42.9
3市合計 (N=607)	7.7	36.1	56.2

表6-7　出荷制限品の摂取を継続した理由 (複数回答)

(%)

	いつも食べている野菜なので、急には危険という実感がわかなかった	政府が「1年間食べ続けなければ大丈夫」と言っていたため、大丈夫だと思った	震災直後でスーパーにも食料品を売っておらず、他に食べるものがなかった	出荷制限がかかっていることを知らなかった
高萩市 (N=77)	36.8	57.4	14.7	5.9
笠間市 (N=103)	43.3	39.2	10.3	3.1
常総市 (N=124)	48.3	50.0	8.6	3.4
3市合計 (N=304)	43.8	48.0	10.7	3.9

取していた可能性は高い。

4. 市民調査の意義と可能性——政策転換に向けて

　「低認知被災地」茨城県の場合、放射線影響をめぐる問題構築が困難となる中、市民がどのように被災についての公的承認を得ようとし、その活動がどの程度成功しているのだろうか。

　茨城県内では事故直後には県南地域を中心に、その後、県北、県央地域でも「放射能から子どもを守る」ことを活動目的とする市民グループが立ち上がった。県南地域では2011年夏休み中の除染を支援するために、2011年8月から保育園・幼稚園などの除染に一部補助金を出すところも現れた。住民が持つ危機感が、行政サイドにもある程度共有されている地域もあった。

　しかし、住民から強い要望が出されていた健康調査については、茨城県・県議会の反応は鈍く、とくに脱原発と関係する市民グループから提起された

請願・要望書は全て却下されていた。そのような中、2012年9月の茨城県議会にて、ようやく「茨城」「放射能」「子ども」のキーワードが入った請願が採択された。しかし、健康調査に関する県のスタンスは、「基本的には福島県の『県民健康調査』の『先行調査』と位置づけられた第1巡目が実施されている段階で、福島県内の健康影響の状況も不明な中で茨城県での健康調査の必要性は認められない。仮に、茨城県で甲状腺検査などの健康調査を実施する場合には、その主体は国であるべき」という考えであった。茨城県は、1999年9月のJCO臨界事故後、国からの交付金を財源に「茨城県原子力安全等推進基金」を創設して、被ばく者を対象とした健康調査を継続的に行っている。茨城県の見解は、JCO臨界事故後の健康調査実施体制を念頭に置いたものと考えられる。

　2011年の原発事故発生以降、県内各地で市町村や県・国に対する要請活動が続いていたが、2012年夏から2013年初頭にかけてが一つのピークであった。その背景には、2012年6月に国会を通過した支援法の存在があった。ポスト3.11の施策の多くが「地域復興」を目的としており、震災・原発事故による甚大な影響を受けた福島県においても、福島という被災地への支援策は手厚かったが、被災した個人に着目した支援策は非常に手薄であった。旧来の復興政策の枠組みにおいては、県外に避難した広域避難者への支援は、限られた施策のみである。それに対して、支援法では、どこに居住していようと「被災者」を対象とした支援の枠組みが提示されており、含意としては画期的であった。

　「地域」ではなく「被災者」に注目した支援法は、自主避難を選択した人々、そして前述のように、福島県以外にも広がる「低認知被災地」の市民に大きな期待をもって受け止められた。支援法を一つのチャンスと見たのは市民だけではなく、議会・行政関係者も同じであった。茨城県は、上で述べたように、原発事故後の健康診断については、国が茨城県内で健康診断が必要だと判断するならば、財政面も含めて国の責任で実施するのが望ましいという立場をとっている。支援法により支援対象地域に含まれれば、茨城県が考える国の責任による健康診断の実施が実現する可能性が高まった。茨城県議会だ

第6章　「低認知被災地」における問題構築の困難　*151*

けではなく、県内の複数の市町村議会で支援法に関する請願・要望書等の採択が相次ぎ、国・復興庁へは意見書が提出された。

　しかし、2013年10月に閣議決定された支援法の基本方針では、福島県外の住民を対象とする健康調査については、全く触れられていなかった。「低認知被災地」からの支援法への期待が高かったために、落胆も大きかった。

　国政レベルでは、多数の市民、一部の行政による要請が無視される形となった支援法であるが、結果として何が残ったのか。一つには、茨城県内において、市町村独自の健康調査を実施する自治体が現れたことである。東海村をはじめとして、北茨城市、高萩市などの県北地域と、つくば市、常総市、守谷市などの県南地域では、独自の甲状腺エコー検査が始まった。

　福島県に隣接する北茨城市では、副市長を委員長とする「福島第一原子力発電所事故に関わる北茨城市民健康調査検討協議会」が設置され、2012年11月22日から3回の会議で議論を重ねた。協議会は2013年3月27日、市長に「子どもの『甲状腺超音波検査』を行うと共に、不安軽減を目的とした勉強会や相談窓口の設置を行うことが望ましい」と答申した[6]。この「答申書」には、「福島県や先行して検査を行っている自治体の検査から、甲状腺への影響は低いものと推測されます。〔中略〕しかし、医学的専門的見地からの『安全性』は理解できても、心理的な『安心』は得られません。そのため、疫学的な調査というものでない、子ども自身や保護者の『安心』を得るために希望者に対する『甲状腺超音波検査』の実施を望みます」とのまとめが記載されている。医学的見地からは不要と思われるが、不安の声が広がっているから、市民の不安解消のために調査の実施が必要という結論であった。2014年度に甲状腺超音波検査が実施された北茨城市では、検査により3人が甲状腺がんと診断された。しかし、市としては「この甲状腺がんの原因については、放射線の影響は考えにくい」と2015年8月25日に公表している。

　また、市民による健康調査も開始された。千葉や茨城の住民によって、2013年9月に「関東子ども健康調査支援基金」が設立され、各地の公民館等で実施される検診に半年間で800人超が受診した。2017年3月までの約3年半で、のべ6410人が受診しており関心の高さがうかがえる。

このように、市町村や市民の自助努力として、福島県以外でも健康調査が実施されるようになった。しかし、これは国による被災地の矮小化、責任放棄の裏返しでもある。

原発事故による健康被害が今後、どのような形で現れるのか、あるいは現れないのかは未知としか言いようがない。予防原則に立てば、因果関係の議論の決着を待つことなく、健康調査の実施により早期発見を促し、子どもの健康影響を最小限にする努力、さらに甲状腺がんを患った子ども・家族を支えていくための取り組みが求められる。リスクの生起メカニズムに未解明部分が多い「未知・破局性環境リスク」に関して、「低認知被災地」における被災の承認は一層困難である（寺田 2016）。しかし、茨城県内で市民活動に参加する人の人数はそれほど多くなくとも、甲状腺検査を希望する人は多い。同じような傾向は栃木県でも示されており、サイレント・マジョリティが決して原発事故の影響について無関心なわけではないことが分かる（清水 2014）。

時間の経過とともによりリスクや不安の表明は、より一層、社会の中で抑圧されることが予想される。支援法の基本方針に福島県以外の「低認知被災地」も含まれていたならば、このような市民調査が実施されることもなかったかもしれない。市民グループからすれば、国の責任放棄を補完する形で実施している市民調査かもしれないが、市民活動のネットワークもより強化されつつ進化している。「低認知被災地」における公論形成を成立させるための問題構築において、市民調査によって得られたデータは貴重な科学的根拠の積み上げとなるだろうし、市民調査をめぐる市民間の連携やネットワークは長期的にみれば、公論形成の土台強化につながるであろう。

謝辞

本研究にご協力いただいた皆さまに感謝申し上げます。なお、本研究は、下記の助成金の交付を受けて行った研究成果の一部です。記して感謝いたします。
・科研費基盤研究（C）「災害後の原子力ローカルガバナンスと地域再生に関する国際比較研究」（研究代表：原口弥生、2016 〜 2018年度、研究課題番号16K12367）
・科研費基盤研究（C）「福島近隣地域における地域再生と市民活動——宮城・茨城・栃木の相互比較研究」（研究代表：鴫原敦子、2017 〜 2019年度、研究課題番号17K12632）

注

1 福島市ウェブサイト (https://www.city.fukushima.fukushima.jp/kankyo-houshasen/
bosai/bosaikiki/shinsai/hoshano/sokute/shinaisokute/documents/2-20170913.pdf)。

2 日立市ウェブサイト (http://www.city.hitachi.lg.jp/shinsai/001/004/p004574_d/fil/
04618_20110525_0001.pdf)。

3 北和之ほか「放射性物質の土壌と森林からの再飛散」公益社団法人大気環境学会
放射性物質動態分科会『シンポジウム要旨集 福島第一原子力発電所事故による
環境放射能汚染の現状と課題——今、大気環境から考える放射能汚染』2014年、
pp.9-10。

4 主催は、福島乳幼児妊産婦ニーズ対応プロジェクト茨城拠点ほか。

5 本調査の概要は以下の通りである。実施主体は茨城大学地域総合研究所(実施責
任者：原口弥生)、調査対象者は茨城県北(高萩市)、県央(笠間市)、県南(常総
市)の各保育所(園)・幼稚園(高萩市のみ)に通う、3〜5歳児クラスの未就学児
を持つ保護者である。県北、県央、県南地域におけるそれぞれの調査対象地域は、
人口規模、農業生産者割合、対象地域間の距離等から総合的に選定した。

6 19名の委員の構成は、教育関係4名(市教育委員長、市学校長会会長、私立幼稚
園連合会代表、保育園連絡協議会会長、PTA連絡協議会会長)、医療関係5名(地
区医師会会長、歯科医師会会長、薬剤師会会長、市立総合病院院長・副院長)、
識者2名(大学教授)、議会2名(市議会議長、市議会文教厚生委員)、一般1名、
行政2名(副市長、教育長)であった。

文献

乾康代，2016，「避難者受け入れ自治体と被災自治体による県外避難者支援——東日
本大震災後の全国の市町村調査から『日本建築学会計画系論文集』第81巻第726
号，pp.1851-1858.

関西学院大学災害復興制度研究所・東日本大震災支援全国ネットワーク・福島の子ど
もたちを守る法律家ネットワーク編，2015，『原発避難白書』人文書院.

清水奈名子，2014，「原発事故子ども・被災者支援法の課題——被災者の健康を享受
する権利の保障をめぐって」『社会福祉研究』第119号，pp.10-18.

寺田良一，2016，『環境リスク社会の到来と環境運動——環境的公正に向けた回復構
造』晃洋書房.

原口弥生，2013，「低認知被災地における市民活動の現在と課題——茨城県の放射能
汚染をめぐる問題構築」『平和研究』第40号，pp.9-30.

日野行介，2016，『原発棄民——フクシマ5年後の真実』毎日新聞出版.

吉田千亜，2016，『ルポ 母子避難——消されゆく原発事故被害者』岩波新書.

Hirschman, Albert O., 1970, *Exit, Voice, and Loyalty: Responses to Decline in Firms,
Organizations, and States*, Harvard University Press. ＝2005，矢野修一訳『離脱・発
言・忠誠——企業・組織・国家における衰退への反応』ミネルヴァ書房.

第7章　福島原発事故における被害者の分断
——賠償と復興政策の問題点——

除本理史

　これまでの原子力事故や放射能汚染では、本書の各章でみたように、被害の過小評価のメカニズムが作動してきた。そのことは、四大公害事件をはじめとする日本の公害問題でも同様である。

　被害の過小評価は、補償・救済の格差などを通じた被害者の「分断」をともなう。また、被害者に対する無理解や差別、被害者自身のあきらめなどと複合的に作用して、社会における被害の忘却、風化を引き起こす。この構造は公害と放射能汚染に共通している。

　他方、両者の間には重要な違いもある。とくに被害の晩発性などの要因から、放射線被ばくにおいては、将来起こるかもしれない被害への「不安」という要素が大きく浮上してくる。人びとが抱く不安に対する軽視が、被害の過小評価と被害者の分断を生み出すのである。

　本章では、2011年3月に起きた福島原発事故を取り上げ、以上の事柄がここでも貫徹していることを確認する。そして、被害の過小評価と被害者の分断を乗り越えようとする当事者の取り組みについても、あわせて述べたい。

1.　原発事故賠償の仕組みと問題点

　福島原発事故は広範囲に深刻な環境汚染をもたらすとともに、甚大な社会経済的被害を引き起こした。この被害回復のためには、実態に即した賠償を含む各種の施策・措置が適切に講じられなくてはならない。しかし、現行の賠償や復興政策には数多くの問題点がある。以下、具体的にみていきたい。

(1) 直接請求方式

　福島原発事故の賠償は、「原子力損害の賠償に関する法律」（以下、原賠法）にしたがって行われる。東京電力（以下、東電）が賠償すべき損害の範囲については、同法に基づき、文部科学省に置かれる原子力損害賠償紛争審査会（以下、原賠審）が指針を出すことができる（**図7-1**）。2011年8月5日に中間指針がまとめられ、2013年12月までに第1次〜第4次追補が策定されている。

　中間指針が策定されて以降、東電は自らが作成した請求書書式による賠償を進めてきた。図7-1のように、被害者が直接、東電に賠償請求をする方式を直接請求と呼んでいる。この請求方式では、加害者たる東電自身が、被害者の賠償請求を「査定」する。したがって、東電が認めた賠償額しか払われないが、支払いは早いので、その他の手段——原賠審の下で和解仲介手続を実施する原子力損害賠償紛争解決センター（以下、紛争解決センター）への申し立てや、訴訟の提起——と比べれば、直接請求は利用されることがもっとも多い請求方法ではある。

　しかしながら、直接請求方式による賠償にはいくつかの問題がある。まず第1に、指針の策定にあたり、当事者である被害者に対して、参加の機会が保障されていないことが挙げられる。原賠審では、東電関係者がしばしば出席し発言しているのに対し、被害者の意見表明や参加の機会がほとんど設けられてこなかった。被害者からみると、賠償の内容や金額が一方的に提示されてくるのであり、「加害者主導」の賠償と映る。

　当事者参加が保障されていないことから、第2に、賠償の内容や金額が被

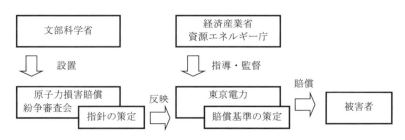

図7-1　原賠審の指針と東電の賠償基準

出所：除本（2013: 16）の図に一部加筆。

第7章　福島原発事故における被害者の分断　157

害実態を十分反映していないという問題が生じてくる。また本来、原賠審の指針（追補を含む）は東電が賠償すべき最低限の損害を示すガイドラインで

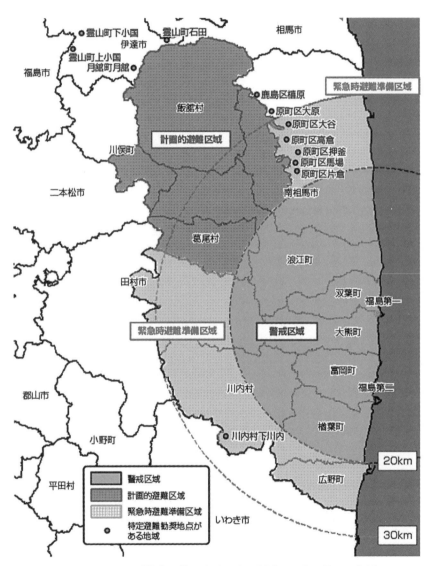

図7-2　国による避難指示等が出された区域（2011年8月3日時点）
出所：資源エネルギー庁「平成22年度エネルギーに関する年次報告」http://www.enecho.meti.go.jp/about/whitepaper/2011html/1-1-1.html（2017年9月14日閲覧）。

あって、全被害をカバーするものではないのだが、東電はそれを賠償の「天井」のように扱ってきた。そのため現実には、指針が賠償の中身を大きく規定しており、直接請求による賠償は、被害実態からの乖離や被害の過小評価を必然的にともなう。

どのような乖離や過小評価が生じているのか。たとえば避難者に対する賠償では、国の避難指示等の有無によって、その内容に大きな格差がある。すなわち、避難指示等があった区域では、避難費用、慰謝料、収入の減少などの賠償がそれなりに行われている。他方、避難指示等がなかった場合、賠償はまったくなされないか、きわめて不十分である。住居や家財についても、賠償の有無が避難指示区域（旧警戒区域、旧計画的避難区域）の内・外ではっきりと分かれている（図7-2）。

これは地域間の賠償格差の問題とみることができる。避難者への慰謝料を例にとれば、避難指示区域、その外側の第一原発20〜30km圏の地域、さらに中通りやいわき市を含む自主的避難等対象区域など、何段階にも賠償の格差が設けられている。こうした地域間の賠償格差は、住民の間に深刻な分断を生み出している（除本 2013: 51-52）。

(2) 被害実態からの乖離と過小評価——慰謝料を事例に

前述した慰謝料を事例として、被害実態からの乖離と過小評価がどのように生じているかをみたい。原発避難者の受けた精神的苦痛には、少なくとも、①放射線被ばくによる恐怖・不安、②避難（生活）にともなう精神的苦痛、③将来の見通しに関する不安、④「ふるさとを失った」ことによる喪失感、という4つの構成要素がある。にもかかわらず、政府指示による避難者に支払われてきた1人月額10万円の慰謝料は、このうち②と③の一部にしか対応していない（除本 2014, 2015）。

第1の問題点は、慰謝料の算定根拠である。原賠審は当初、自動車損害賠償責任保険の慰謝料額に基づいて、上記②の精神的損害を月10万円と算定した（その後、上記③の精神的苦痛の一部を含め月10万円と評価）。しかし、自動車事故と原発避難では問題の構造がまったく異なる。自動車事故を参考にす

るとしても、いわゆる裁判所基準（『民事交通事故訴訟　損害賠償額算定基準』）によれば、入院慰謝料は月額35万円であり、こちらの評価の方が適切だという指摘もある（浦川 2013）。

　第2は、放射線被ばくによる恐怖・不安（上記①）の扱いである。原賠審の指針と東電の基準は、これを賠償対象としてこなかった。原賠審が被ばくによる不安を賠償対象から外したのは、被害者が余計な不安をもつことのないよう健康管理の仕組みをつくるのが先決であるという趣旨の意見が、委員から出されたからである。そのため、福島県が実施する県民健康管理調査の結果を待って、被ばくによる不安については改めて判断することとされた（除本 2014: 7-8）。しかし周知のとおり、同調査にはさまざまな疑問や批判が出され、また調査により甲状腺がんの多発が明らかになったという指摘もあり、調査の結果として被ばくによる不安が収まったとは考えられない（成 2016; 清水 2017 など）。

　第3に、筆者が「ふるさとの喪失」として論じてきた被害も賠償の対象から外れている。これは純粋な精神的苦痛（上記④）にとどまらない。住民が戻れず離散していけば、地域コミュニティが失われ、住民はそこから得ていた各種の「便益」を失う。避難前にコミュニティの成員が享受していた「地域生活利益」として、少なくとも5つの機能——生活費代替、相互扶助・共助・福祉、行政代替・補完、人格発展、環境保全・自然維持——が挙げられる（淡路 2015: 24-25）。

　これらの点が、原賠審や東電の示す慰謝料の内容、金額に対して、被害者側の納得を得にくい要因である。しかし、直接請求では当事者参加が保障されていないために、被害者が積極的に自らの被害を主張するには、紛争解決センターへの申し立てや、訴訟提起などの手段が必要となる。

(3)「自主避難」（区域外避難）の問題

　避難指示区域外からの避難者は「自主避難者」（あるいは区域外避難者）と呼ばれる。現在、「自主避難者」を含む事故被害者の集団訴訟が全国に広がっている（第4節で後述）。その多くは東電と国に損害賠償を求める訴訟だが、

司法判断を通じて「被ばくを避ける権利」を確立していくことも目標の1つとされている。

より詳しくは終章で論じるが、「自主避難者」の救済を広げるうえで、低線量被ばくに対する恐怖・不安の合理性をどう考えるかが重要な論点となる。放射線量が年間20 mSv（政府による避難指示の目安）に達しない地域でも、健康影響がゼロといえないのであれば、被害を避けるために予防的行動として避難をすることには、一定の範囲で「社会的合理性」が認められるべきである（吉村 2015）。

「自主避難者」の救済が進まないのは、避難指示区域外の被害や放射線被ばくへの不安が軽視されてきたためである。したがってこのことは、「自主避難者」だけではなく、「滞在者」（避難をしなかったか、すでに帰還した人）にも共通する問題だという点を強調しておきたい。

重要なのは、何mSvなら合理性があるかというように、放射線量だけで判断を行うのは妥当でないということだ（もちろん重要な指標の1つではあろうが）。たとえ小さなリスクでも、原発事故でそれを強いられることを嫌うのは、自己決定や公平性を侵されたくないという思いがあるからだ。リスクの大小だけでなく、人びとのこうした価値観や規範意識も正当に考慮されるべきである（科学技術振興機構 科学コミュニケーションセンター 2014: 51；平川 2017: 74）。

(4) 賠償の打ち切り

政府は、慰謝料や営業損害などの継続的な賠償の支払いをおおむね終了していく方針を打ち出している。帰還困難区域等を除き、政府の指示を受けて避難した人たちへの慰謝料が2018年3月で打ち切られる。これは、次節で述べる避難指示の解除にともなう措置である。しかし、いったん壊れた地域社会の回復は非常に困難であり、避難指示が解除されても、ただちに被害がなくなるわけではない。

商工業や農林業の営業損害も、賠償の打ち切り時期（終期）に来ている。この問題について福島県商工会連合会は2016年、会員事業者に対するアン

ケート調査を実施した（調査時点は避難区域外が5〜6月、区域内が9〜10月。筆者も調査に協力）。

　このうち避難区域外の調査結果をみると、震災発生から5年が経過しても、4割弱の事業者が原発事故によって営業利益の減少が続いていると感じており、業種別では、宿泊業、食品製造業、卸売業、飲食業などで事故の影響が大きい。

　また、避難区域内の調査結果では、休業中の事業者が約5割にのぼっており、業種別にみると、区域外と同じく食品製造業などとともに、小売業のような地域住民を対象とする業種で休業率が高くなっている。営業を再開した事業者でも、多くは利益が回復していない。地元の顧客が避難で離散してしまったことが、大きく影響している。事業の再開支援に加え、再開した事業者が営業を継続するための支援も必要であろう（高木・除本 2017）。

　原賠審の中間指針第4次追補は、避難指示区域等における営業損害の終期について、次のように規定している。「営業損害及び就労不能損害の終期は、中間指針及び第二次追補で示したとおり、避難指示の解除、同解除後相当期間の経過、避難指示の対象区域への帰還等によって到来するものではなく、その判断に当たっては、基本的には被害者が従来と同等の営業活動を営むことが可能となった日を終期とすることが合理的であり、避難指示解除後の帰還により損害が継続又は発生した場合には、それらの損害も賠償の対象となると考えられる」（p.8）。上記の調査結果は、ここで述べられた終期の要件が整っていないことを示している。

---

2. 避難指示の解除と支援策の終了

---

(1) 帰還政策の推移と現状

　政府は2011年後半から、除染とインフラ復旧をてこに、住民をもとの地に戻そうとする帰還政策を本格化させた。住民の帰還は、避難地域に対する国の復興政策の中心的課題だといってよい。

　帰還政策の第1段階は2011年9月末で、第一原発20〜30 km圏の緊急時

避難準備区域が解除された。同区域に全域が含まれた広野町、大半が含まれた川内村は、2012年3月に役場業務をもとの地で再開している。

第2段階は2011年12月以降であり、政府は「事故収束」を宣言し、2012年4月から避難指示区域の見直しを開始した。2013年8月までに、避難指示区域は避難指示解除準備区域、居住制限区域、帰還困難区域の3区域にひととおり再編された。

政府は2013年12月の閣議決定で、帰還困難区域に対し、移住先で住居を確保するための賠償の追加などを打ち出した。これは帰還政策を部分的に転換したものと評される。これにともなって原賠審も同月、中間指針第4次追補を決定し、住居確保損害を新たに賠償項目に加えた。

このように政府の避難者対策は、帰還方針を部分的に転換し、帰還困難区域等に対する移住支援を盛り込むようになった。これは、帰還または移住によって、避難という状態を終了させていくことを意味する。こうして2013年末以降、帰還政策がしだいに避難終了政策という性格を強めてきたという側面もみておく必要がある（除本2016a）。

帰還政策の第3段階は2014年4月以降で、田村市都路地区、川内村東部の20km圏、楢葉町などで避難指示が順次解除された。2017年3月31日と4月1日に、福島県内4町村、3万2000人への避難指示が解除されたことにより、残るはほぼ帰還困難区域のみとなり、避難指示の解除は一区切りを迎えている。

しかし、住民帰還の見通しはそれほど明るくない。2017年7〜8月時点で、避難指示が解除された地域の居住者数は、事故直前の住民登録者数（6万人強）の1割未満であり、また65歳以上が占める高齢化率は49％に達している（『毎日新聞』2017年9月9日付）。筆者らが川内村など旧緊急時避難準備区域での実態調査に基づいて明らかにしてきたように、放射能への不安だけでなく、医療体制が十分でないなど、生活条件の再建が喫緊の課題となっている（除本・渡辺編著2015）。

また2017年4月以降も、帰還困難区域等の2万4000人には避難指示が継続される。避難指示解除地域と継続地域のコントラストが明確になりつつあ

り、後者については、長期的な復興過程で予想される帰還困難区域固有の諸課題に対して、政策的な検討が求められる。

(2) 仮設住宅の打ち切りをめぐって

政府の避難終了政策と軌を一にするかのように、福島県は2015年6月、避難者に提供されてきた仮設住宅（みなし仮設を含む）を2017年3月までで打ち切る方針を決めた（当初の避難指示区域にほぼ相当する地域の避難者に対しては提供が継続されている）。とくに、避難指示区域外からの「自主避難者」にとっては、賠償や支援策が貧弱であるため、仮設住宅が避難生活を続けるための基本的な条件になってきた。打ち切りの代替措置もあるが、非常に限定的だ。避難を継続する人たちには家賃負担が重くのしかかり、意に反して帰還を選ぶ人もあらわれている。

2012年6月に成立した「原発事故子ども・被災者支援法」は、被害者1人1人の選択を尊重し、政策によって支援しようという理念を謳った。いま進行している事態は、この理念に反するものではないか（日本弁護士連合会2017）。

避難者の意識は、帰還か移住かという二者択一の枠組みでは捉えきれない。比較的若い世代では、今は戻らないという選択と、いずれ戻りたいという希望とが両立するからだ。そこで、帰還でも移住でもない選択肢として「長期待避」があることを明らかにし、その選択を保障しうるよう施策を拡充すべきだという主張がなされている（舩橋2013；今井2014）。具体的には、避難先での住まいの中長期的な保障や、現住地と避難元（原住地）の両方の自治体に参加できる仕組み（「二重の住民登録」）などである。これらは政府の指示によって帰還できない避難者だけでなく、各自の事情に応じて避難の継続を選ぶ人びとにも適用されるべきだろう。

---

3. 復興の不均等性と被害者の分断

日本の災害復興政策においては、もともとハード面のインフラ復旧などの公共事業が大きな位置を占めてきた。これは東日本大震災においても同様で

ある。福島では、インフラ復旧・整備に加えて、除染という土木事業が大規模に実施されてきた (Fujimoto 2017)。

このような復興政策は、さまざまなアンバランスをもたらす。復興需要が建設業に偏り、雇用の面でも関連分野に求人が集中する。除染やインフラ復旧・整備が進んでも、医療や物流などの生活条件が必ずしも震災前のようには回復しないために、帰還できない人が出てくる。また、公共事業が地域外から労働力を吸引することで、住民の構成が変化し、震災前のコミュニティが変容していく。小売業のように、地元住民を相手に商売をしていた事業主は、顧客が戻らずに事業を再開できない。

復興政策の影響は、このように地域・業種・個人等の間で不均等にあらわれている。こうしたアンバランスを、筆者は「不均等な復興」（あるいは復興の不均等性）と表現した（除本・渡辺編著 2015；除本 2016b: 170-176）。

被災地全般に共通する不均等性に加えて、原発事故の被害地域では、放射能汚染の特性と、福島復興政策によってつくりだされた分断が作用している。図7-3にしたがって説明しよう。

第1に、顕著な特徴として、原発事故を受けて設定された避難指示区域などの「線引き」により、地域間の不均等性がつくりだされている点が挙げられる。事故賠償の区域間格差は、その代表的な例である。

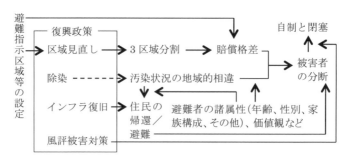

図7-3 原発災害における復興の不均等性と被害者の分断

注：矢印は因果関係をあらわし、点線は結果が原因を必ずしも前提としないことを意味する（汚染状況の地域的相違は、主として原発事故後の放射性物質の降下によるもので、除染はそれを変化させる要因である）。当面の議論に必要と思われる内容を図示したにすぎず、重要だが省略されている事象もある。
出所：除本（2016b: 173）の図に一部加筆。

第7章　福島原発事故における被害者の分断　*165*

　第2は、「線引き」による区域設定が、被害実態とずれていることである。区域の違いが必ずしも放射能汚染の実情に対応していないために、区域間の賠償格差と、放射能汚染の濃淡とが絡みあって、住民の間に分断をもたらしている。また、避難によって、ひとたび地域社会の機能が停止してしまうと、その影響（つまり被害）は長期にわたり継続する。したがって、放射能汚染の程度に応じて避難自治体を3区域に分割しても、必ずしも被害実態を反映していることにはならない（これは下記第4の点に関連する）。

　第3は、放射線被ばくによる健康影響は、将来あらわれるかもしれないリスクであり、その重みづけが、個人の属性（年齢、性別、家族構成など）や価値観、規範意識などによって異なることだ（終章の「リスク認知の多元性」を参照）。たとえば、年齢が低いほど放射線への感受性が高いことは、広島、長崎の被爆者調査でも明らかにされている。また、若い人は余命が長く、その間にさらに被ばくを重ねることになる。したがって、若い世代、子育て世代は、汚染に敏感にならざるをえない。同じ放射線量であっても、そのもとでの避難者の意識と行動は同一ではなく、個人の属性や価値観などにより多様化する。だが多様なリスク対処行動が必ずしも尊重されず、不安をうったえる声が抑圧される傾向がある。とくに女性と子どもへのしわ寄せが大きいことが懸念される（Ulrich 2017）。

　第4に、インフラ（医療機関や学校などを含む）の復旧・整備が進んでも、避難者ごとの事情により、インフラへのニーズが異なる。医療・福祉や教育など、復旧・整備が進まないインフラへの依存度が大きい人は、戻ることができない（除本・渡辺編著 2015）。そのため復興政策の影響は、不均等にあらわれる。他の住民が戻らなければ、コミュニティへの依存度が大きい人びとは、帰還して暮らしていくことが困難である。その結果、帰還を進める自治体では、原住地と避難先との間で住民の分断が起きてしまう（また、避難先は1つではないから、その違いによる分断も生じる）。

　第5に、図示しなかったが、除染をめぐる分断もある。たとえば、福島県内の除染土などを保管する中間貯蔵施設に関して、搬入される側の立地地域と、搬出する側の県内他地域との間で不協和音が生じている。また県内でも、

立地地域は原発から「恩恵」を受けてきたという見方があり、そのこともこの問題に影を落としている。

公共事業に偏った復興政策は、以上のような不均等性をもたらしている。被害の原状回復を重視し、政策のあり方を再検討すべきであろう。次節で述べるように、紛争解決センターに対する被害者の集団申し立てや集団訴訟には、賠償と復興政策の現状を問い直すという目的もある。

---

4. 賠償格差と分断を越えて——各地の被害者の取り組み

(1) 紛争解決センターへの集団申し立て

本節では、住民の分断を乗り越えようとする被害者側の取り組みを取り上げたい。これは、紛争解決センターへの集団申し立てや、集団訴訟という形をとっている。集団申し立てとは、賠償格差の是正や被害実態に即した賠償を求めて、地域住民が集まり紛争解決センターに集団で申し立てを行うことをさす。**表7-1**は、そのうち重要な事例の一部を示したものである。

ここでは、福島県伊達市の特定避難勧奨地点(以下、勧奨地点)周辺の住民による集団申し立てを取り上げたい。勧奨地点は、住居単位で指定され「区域」ではないが、指定の有無により地域内で賠償条件がまったく異なるため、この集団申し立ては地域内の格差是正を求めたケースとみることができる(指定された世帯は、1人月額10万円の慰謝料などが支払われ、指定のない世帯は自主的避難等対象区域の賠償のみ)。

伊達市における勧奨地点の設定は、避難指示区域の面的拡大を避け、住民の避難の選択を狭める役割を果たした(黒川 2017: 86-111)。もちろん東電が支払う賠償額も、それだけ削減されることになる。

集団申し立てをした住民の暮らす地区では、放射能汚染がひどいため、勧奨地点に指定されていなくても、農業などが深刻な被害を受け、一時避難や外出を控えるなどして日常生活が阻害された。さらに、健康被害への恐怖や将来への不安といった精神的苦痛を強いられた。

しかも、地域内に賠償条件の大きく異なる世帯が併存するため、住民間の

第 7 章　福島原発事故における被害者の分断　*167*

表7-1　地域住民による集団申し立ての事例

地区	和解案の時期	区域	人数	和解案の概要	総額
飯舘村長泥地区	2013年5月	①	約180人	被ばく慰謝料50万円（妊婦・子ども100万円）	※9000万円
				水道代月1500円（3年と仮定）	972万円
伊達市霊山町小国地区	2013年12月	④	330世帯、1008人	慰謝料月7万円（2011年6月30日〜2013年3月31日）	15億5232万円
川俣町山木屋地区	2014年2月	②③	39世帯、119人	住居などの財物を全損扱い	22億2523万円
飯舘村蕨平地区	2014年3月	②	33世帯、111人	住居などの財物を全損扱い	非公開
				被ばく慰謝料50万円（妊婦・子ども100万円）	※5550万円
				帰還困難区域なみの慰謝料	※1億3320万円
浪江町全域	2014年3月	①②③	1万5000人以上	慰謝料月5万円増（2012年3月11日〜2014年2月28日）	※186億5520万円
葛尾村全域	2014年8月	①②③	68世帯、205人	住居などの財物を全損扱い	約30億円

注：「地区」はすべて福島県内。「区域」の①は帰還困難区域、②は居住制限区域、③は避難指示解除準備区域、④は自主的避難等対象区域。「総額」の※は、高齢者や妊婦・子どもなどの追加増額分を含まないことを示す。
出所：『毎日新聞』2014年9月14日付の表より作成。

分断が深刻化した。伊達市出身の女性が執筆したルポルタージュに、勧奨地点の指定を受けたと誤解された住民の体験が記されている。伊達市に勧奨地点が設定されてから、市議を務めるこの男性の家には「殴り込みに行く」という電話がかかるようになったという。男性は次のように話す。「〔勧奨地点は〕エリアとしての指定じゃないわけですから、隣近所で殴り合いをするのと一緒ですよ。殴り込みに行くと言ってきた人だって、目の前が勧奨地点ですから、そうなりますよ」（黒川 2017: 202）。

　こうした現状を変えるため、住民たちは最低限の賠償とコミュニティの修復を求めて、紛争解決センターに集団で申し立てをした。請求は、損害項目を慰謝料のみに絞り、少なくとも勧奨地点に指定された世帯同様の賠償を求めるという趣旨で、1人月額10万円の支払いを求めたのである。

　紛争解決センターは2013年12月20日、和解案を提示した。その内容は、勧奨地点の設定から、解除後相当期間が経過するまで（2011年6月30日〜

2013年3月31日)、1人月額7万円の慰謝料の賠償を認めるものだった。和解案の提示から1カ月半以上たった2014年2月、東電はついに和解案を受諾した。住民が求めた勧奨地点と同額には届かないが、格差を埋める効果は大きい。また、紛争解決センターが放射線被ばくによる恐怖・不安、生活上のさまざまな制約を認めた点も、住民側は評価している。

　住民側の弁護団は、紛争解決センターの和解案について「金銭賠償を受けることにより、失われたものが完全に戻るわけでも、被ばくへの不安が完全に解消されるわけでもありません」としつつ、「崩壊したコミュニティが修復されることに期待を寄せ」るがゆえに、受け入れるのだと述べている（東日本大震災による原発事故被災者支援弁護団 2014）。住民にとって、和解の意味は単に「金目」の問題ではなく、国の「線引き」に対する異議申し立てでもあるのだ。

　しかし、紛争解決センターの提示した和解案を東電が拒否するケースが増えている。被害者のみならず東電が和解案を受諾しない限り、賠償が行われず、和解案を強制的に受諾させる方法は存在しない。東電が和解を拒否し、和解仲介手続が終了する（打ち切られる）ということになれば、紛争解決センターの制度自体の意義が失われかねない。紛争解決センターを通じた和解が困難な問題は司法の場へと移るが、訴訟は時間を要する手段であり、被害者にとってはよりハードルが高い選択だといえる。

(2) 全国に広がる集団訴訟

　避難指示区域内・外の賠償や支援策の格差については、「原発事故子ども・被災者支援法」をめぐる経緯をみておく必要がある。同法に基づいて避難指示区域外の支援策が拡充されることが期待されていたのだが、現実には政府によって骨抜きにされてきた（日野 2014）。

　同法は、支援対象地域（放射線量が政府の避難指示の目安である年間20 mSvに達しないが、一定の基準以上である地域）の設定や支援策の内容を、政府が定める基本方針に委ねている。2012年6月の法成立から1年以上が経ち、政府はやっと方針案を公表した。パブリックコメントも実施されたが、寄せられた

声はほとんど反映されず、2013年10月、基本方針が閣議決定された。

パブリックコメントでは、事故前の市民の被ばく限度である年間1 mSvを超える地域（福島県外も含まれる）を、支援対象地域とするよう求める声が多く寄せられた。しかし基本方針は、支援対象地域を福島県中通り・浜通りの33市町村（避難指示区域を除く）に限定した。

その後、基本方針が2015年8月に改定され、支援対象地域は当面維持されたものの、「空間放射線量等からは、避難指示区域以外の地域から新たに避難する状況にはなく、法の規定に従えば、支援対象地域は縮小又は撤廃されることが適当となると考えられる」との文言が盛り込まれた。「原発事故子ども・被災者支援法」を通じて「避難の権利」「被ばくを避ける権利」を拡大していく取り組みは、大きな困難に直面している。

2012年12月以降、避難指示区域内・外の人たちが全国20の地裁・支部で集団訴訟を提起し、原告数は1万2000人を超えた（**表7-2**参照）。原告には「自主避難者」も少なからず含まれている。これらの訴訟は、賠償を求めるだけでなく、「避難の権利」「被ばくを避ける権利」を拡大しようとするものでもある。

また、集団訴訟を通じて国の法的責任（国家賠償責任）を明らかにすること

表7-2　福島原発事故被害者の集団訴訟

地裁	訴訟数	原告（人）	地裁	訴訟数	原告（人）
札幌	1	256	新潟	1	807
仙台	1	93	名古屋	1	132
山形	1	742	京都	1	175
福島	9	7,826	大阪	1	240
前橋	1	137	神戸	1	92
さいたま	1	68	岡山	1	103
千葉	2	65	広島	1	28
東京	5	1,535	松山	1	25
横浜	1	174	福岡	1	41
			計	31	12,539

注：福島地裁は2支部を含む。
出所：『毎日新聞』2016年3月6日付。

は、公共事業に偏った復興政策をあらため、被災者の権利回復を軸とする「人間の復興」へと転換することにつながる (除本 2018)。また、それは原子力政策を見直していく契機にもなる。福島原発事故に関する国、東電の責任が十分検証されず曖昧になっていることと、事故があったにもかかわらず「原発回帰」が進んでいることは、表裏一体の関係にあるからだ (太田 2017: 115-117)。

集団訴訟で初めての判決が2017年3月に前橋地裁で言い渡された。同年9月には千葉地裁、10月には福島地裁でも判決が出されている。

前橋地裁と福島地裁では、避難指示区域外の被害がどこまで認められるかが大きな焦点となった。前橋地裁は、司法が原賠審の「中間指針等が定めた損害項目及び賠償額に拘束されることはなく、自ら認定した原告らの個々の事情に応じて、賠償の対象となる損害の内容及び損害額を決することが相当」(判決 pp.228-229) と述べ、原賠審の指針にとらわれない姿勢を明確にした。そのうえで判決は「自主避難者」についても損害を認め、賠償を命じた。福島地裁も同様に区域外の損害を認めており、福島県以外 (茨城県水戸市、日立市、東海村) の原告についても、きわめて少額ではあるが損害を認定した。ただし、認定された損害額や被害の継続性などをめぐって、課題も少なからず残されている。

国の法的責任については、千葉地裁が認めなかったものの、前橋地裁と福島地裁はこれを認定した。また、3判決とも東電の責任を認めており、とくに前橋地裁と福島地裁は、津波対策の不備について強い非難性や過失があると指摘した (ただし東電の責任認定は、3判決とも原賠法の無過失責任の規定による)。こうした司法判断が政策転換につながるのか、今後の展開が注目される。

5. 生業や暮らしを取り戻すために

福島では除染やハード面の復旧・整備事業が進んでいる。しかし、それでは生活再建が困難な人たちも残されており、また賠償格差なども作用して、被害者の分断が生み出されている。大切なのは原状回復の理念であり、事故

前に営まれていた住民の生業や暮らしを取り戻すことである（除本 2016b: 4-6）。これは前述した「人間の復興」の理念とも合致する。

　東日本大震災の前から、地域住民が主体となる内発的発展をめざしてきた地域として、福島県飯舘村がよく知られている。原発事故を受けて全村に避難指示が出された。筆者は 2011 年 8 月、飯舘村で生まれ育った高齢の男性から話を聞いた。彼は長年かけて農地を開拓し、地域づくりにも取り組んできた。ところが事故によって、農業を続けるのが難しくなり、地域づくりの成果も失われつつある。男性は厳しい現実に直面し「あきらめきれない」「くやしい」と肩を落としていた。

　飯舘村では、住民が連帯し知恵を出しあって、自然に根ざした暮らしを継承するとともに、時代にあわせて工夫や試行錯誤を重ね、地域発展を模索してきた。若い世代はそのなかで役割を発揮し、地域づくりの担い手として成長していった。こうした営みを断たれた住民の喪失感は、半生を奪われたにも等しかろう（除本 2016b: v-vi, 49-80）。

　原状回復の理念に基づいて復興政策の問題点を見直すとともに、飯舘村のような震災前からの住民主体の取り組みを再開し、将来へつないでいくことが求められている。他の災害での復興基金の柔軟な活用事例などにも学びながら、地域再生の取り組みを支える制度もつくっていかなくてはならない。

　前述した福島県の商工業者に関する調査結果は、原発事故被害の継続性を示している。政府が復興期間とする 10 年間では、原状回復が困難なのは明らかだ。原発被災地の再生をめざしつつ、残る課題については必要な支援策や賠償を継続すべきである。

文献

淡路剛久，2015，「『包括的生活利益』の侵害と損害」淡路剛久・吉村良一・除本理史編『福島原発事故賠償の研究』日本評論社，pp.11-27.

今井照，2014，『自治体再建——原発避難と「移動する村」』ちくま新書.

太田昌克，2017，『偽装の被爆国——核を捨てられない日本』岩波書店.

浦川道太郎，2013，「原発事故により避難生活を余儀なくされている者の慰謝料に関する問題点」『環境と公害』第 43 巻第 2 号，pp.9-16.

科学技術振興機構 科学コミュニケーションセンター，2014，「リスクコミュニケー

ション事例報告書」.

黒川祥子，2017，『「心の除染」という虚構——除染先進都市はなぜ除染をやめたのか』集英社インターナショナル.

清水奈名子，2017，「被災地住民と避難者が抱える健康不安」『学術の動向』第22巻第4号，pp.44-49.

成元哲，2016，「原発事故後の生活変化とコミュニティ分断の実態」『心理学ワールド』第72号，pp.25-27.

高木竜輔・除本理史，2017，「原発事故被害の継続性——福島県内商工業者への質問紙調査から」『科学』第87巻第9号，pp.801-803.

日本弁護士連合会，2017，「区域外避難者の選択を尊重し、住宅支援の継続を求める会長声明」3月15日.

東日本大震災による原発事故被災者支援弁護団（原発被災者弁護団），2014，「伊達市霊山町小国・坂ノ上・相葭地区集団ADR申立て和解案の報告」1月28日.

日野行介，2014，『福島原発事故　被災者支援政策の欺瞞』岩波新書.

平川秀幸，2017，「避難と不安の正当性——科学技術社会論からの考察」『法律時報』第89巻第8号，pp.71-76.

舩橋晴俊，2013，「震災問題対処のために必要な政策議題設定と日本社会における制御能力の欠如」『社会学評論』第64巻第3号，342-365頁.

除本理史，2013，『原発賠償を問う——曖昧な責任，翻弄される避難者』岩波ブックレット.

除本理史，2014，「原子力損害賠償紛争審査会の指針で取り残された被害は何か——避難者・滞在者の慰謝料に関する一考察」『経営研究』第65巻第1号，pp.1-28.

除本理史，2015，「避難者の『ふるさとの喪失』は償われているか」淡路剛久・吉村良一・除本理史編『福島原発事故賠償の研究』日本評論社，pp.189-209.

除本理史，2016a，「福島復興政策の5年間をどうみるか——帰還政策から避難終了政策へ」『教育』第842号，pp.5-15.

除本理史，2016b，『公害から福島を考える——地域の再生をめざして』岩波書店.

除本理史，2018，「原発災害の復興政策と政治経済学」『季刊経済理論』第54巻第4号，pp.27-36.

除本理史・渡辺淑彦編著，2015，『原発災害はなぜ不均等な復興をもたらすのか——福島事故から「人間の復興」，地域再生へ』ミネルヴァ書房.

吉村良一，2015，「『自主的避難者(区域外避難者)』と『滞在者』の損害」淡路剛久・吉村良一・除本理史編『福島原発事故賠償の研究』日本評論社，pp.210-226.

Fujimoto, Noritsugu, 2017, "Decontamination-intensive Reconstruction Policy in Fukushima under Governmental Budget Constraint", in Mitsuo Yamakawa and Daisaku Yamamoto, eds., *Unravelling the Fukushima Disaster*, Routledge, pp.106-119.

Ulrich, Kendra, 2017, "Unequal Impact: Women's & Children's Human Rights Violations and the Fukushima Daiichi Nuclear Disaster", Greenpeace Japan.

終　章　市民が抱く不安の合理性
──原発「自主避難」に関する司法判断をめぐって──

除本理史

　本書では、原子力事故や放射能汚染をめぐって、被害の過小評価がくりか
えされており、それがさらに被害者、住民の分断を引き起こしていることを
みてきた。被害の過小評価においては、低線量被ばくに対する不安の軽視が
重要な位置を占める。地域のなかで、被ばくへの不安は抑圧される傾向があ
るが、他方で不安を直視し、社会的に共有していこうという動きも存在する。
このことは福島原発事故における「自主避難」問題にきわめて鮮明にあらわ
れている。本書の締めくくりとして、このテーマを扱うことにしたい。

　第7章でみたように、福島原発事故被害者の集団訴訟が全国に広がってい
る。原告には「自主避難者」（区域外避難者）も多く含まれる。2017年3月31
日と4月1日には、福島県の帰還困難区域等を除く地域で、避難指示が解除
された。それにともない、当該地域の避難者は以後「自主避難者」となる。

　訴訟では「自主避難」の合理性、相当性が問われている。その司法判断に
大きな影響を与えるのが、放射線被ばくに関する不安をどうみるかという点
である。

　同じ放射線量に直面しても人びとの受け取り方がそれぞれ異なるのは、単
なる主観的な差ではない。そこには、人権や正義に関する価値観や規範意識
なども大きく作用している。避難者支援策に関しては、そうした当事者の行
動選択が多様であることを前提とした社会的意思決定が必要であり、司法に
もそのことを踏まえた判断が求められる。「自主避難」の救済を広げるには、
当事者の多様な選択の背景にある普遍的な価値判断、規範意識を言語化・可
視化し、「経験としてのリスク」の共有を図ることが必要であろう。

1. 低線量被ばくと「不安」をめぐる論点

(1)「自主避難」問題と不安の合理性

2011年3月に起きた福島原発事故により、ピーク時（2012年6月）には16万人以上が避難を余儀なくされた。ここには政府の指示を受けた「強制避難者」だけではなく、避難指示が出されていない地域からの「自主避難者」も含まれている。その数は正確には明らかでないが、少なくとも数万人にのぼるのは間違いない。

「自主避難者」を含む事故被害者の集団訴訟が全国に広がっている。多くは東京電力（以下、東電）と国に対して損害賠償を求める訴訟だが、それだけでなく「被ばくを避ける権利」の確立をめざす狙いもある。「自主避難者」についていえば、避難の合理性・相当性を司法の場で認めさせ、「避難の権利」を確立することが目標の1つだといってよいだろう。

「自主避難」の合理性・相当性の問題は、低線量被ばくに関する市民のリスク認知の議論と深くかかわっている。原発事故による放射能汚染が及んだ地域で、たとえ政府の避難指示が出ていないとしても、通常の市民が被ばくに対する不安を抱くのに十分な理由があれば、それを避けるための避難にも合理性が認められるはずだからである（厳密には避難開始と避難継続の合理性を区別すべきであるが、本章では不安の合理性に関する基本的な論点を扱うこととし、この区別には立ち入らない）。

ここで問いを裏返し、低線量被ばく（ここでは累積100 mSv未満と考える）への不安を否定する議論にはどのような問題点があるのか、と考えてみると論点がかなり鮮明になる。現代では、低線量被ばくなどのリスクはもはや被害の「可能性」にとどまるものではなく、リスクの存在そのものが被害と捉えられるべきである（寺田 2016: 204-205）。公害問題では健康被害の発生が出発点となるが、福島原発事故では、住民の健康被害は公的には認められていないので、被害の否定は、低線量被ばくのリスクとそれに対する予防的対応の否定としてあらわれる。

低線量被ばくによる影響の否定は事故のコストの過小評価であり、原発を

終　章　市民が抱く不安の合理性　*175*

推進しようとする政府の立場と深く結びつく（佐藤・田口 2016: 117）。福島原発事故後、国の審議会・委員会に参加するようないわゆる「政府寄り」の科学者・専門家が、低線量被ばくの影響について「楽観的」な発言を行ってきた。島薗進が述べるように、低線量被ばく安全論を唱える日本の科学者・専門家は、国際的な標準からみても楽観論（安全論）に傾いており、その背景には政府や電力会社の原発推進路線があることが示唆される（島薗 2013）。このような背景を措くとしても、事故後の低線量被ばく安全論には、以下の2つの問題を指摘することができる。

(2) リスク認知の多元性

　第1は、市民に正しい知識を与えることで、不安を解消しなくてはならないという一方通行型の「啓蒙主義」である（「欠如モデル」とも呼ばれる）。論者によって強弱の違いはあるが、これは共通してみられる傾向であろう。

　政府が2011年11月に設置した「低線量被ばくのリスク管理に関するワーキンググループ」（以下、WG）の報告書もその一例である。報告書は「住民参加」を強調する。しかしそこでは、政府が避難指示の目安とする年間20 mSvは各種の「放射線防護措置を通じて、十分にリスクを回避できる水準である」（低線量被ばくのリスク管理に関するワーキンググループ 2011: 19）という結論がまず前提とされ、そのもとで住民は科学的知見を理解して不安やストレスを解消し、除染などの防護活動に参加することが推奨されている。

　つまりWG報告書では、年間20 mSvというスタートラインがあくまで前提とされ、住民は「政府と専門家が決定したリスク管理のメニューを実践するだけ」である（尾内・調 2012: 320）。しかし本来、年間20 mSvという水準や、防護策のあり方について科学者・専門家だけで判断することはできず、住民も含めた社会的意思決定が不可欠である。これは、国際放射線防護委員会（ICRP）の勧告にもあるとおり、国際的な合意となっている（尾内・調 2012: 315-321）。

　またそもそも、低線量被ばくの健康リスクに関する科学的知見は確立していない（もちろん「リスクがない」わけではなく、そのようにいうことは科学的には

誤りである)。したがって、低線量被ばくの健康リスクをどう考えるかという判断は、科学だけでは答えの出ない「トランスサイエンス」の問題だということができる (調 2013)。そうなのであれば、低線量被ばくに対して市民が抱く不安に合理性があるか否かの判断を、科学者・専門家に委ねることはできない。ここでは、市民に科学的知識を与えて不安の解消を図るという方策 (欠如モデル) は原理的に通用しない。

　自然科学の知見以外に考慮しなくてはならないのは、市民のリスク認知という側面である。科学的に計算されたリスクがあったとして、市民がそれをどう受け取るかはまた別の問題である。市民のリスク認知には、確率の大小だけでなく、起こりうる事態の破滅性、未知性、自発性、制御可能性、公平性などが影響を与える。そこには人びとの価値観や規範意識がかかわっており、それを尊重した合意形成が不可欠である。これはリスク認知やリスクコミュニケーションの研究では教科書に出ているようなトピックであり、共通認識になっている (平川ほか 2011；中谷内 2012: 59)。

　つまり、市民のリスク認知にはさまざまな次元での重みづけがある。とくに、人びとの基本的人権や正義にかかわる側面 (社会的・規範的次元) は重視すべきである (平川 2017)。原子力事故のような甚大な被害でも発生確率が小さければ、両者の積は小さくなってしまう。しかし、被害の規模 (破滅性) を重視するならば、たとえば1回の大規模事故で同時に失われる n 人の生命を、n^2 人の生命の損失と評価すべきだという考え方も可能である (Shrader-Frechette 1991 = 2007: 118)。こうした破滅的事故は重大な人権侵害を引き起こすから、たとえ確率が小さくても、それを避けることを重視する (その被害に重みづけをする) というのはごく自然な考え方である。市民のリスク認知を感情的で誤ったものと片づけるのではなく、人権や正義の観点での重みづけもあることを理解し、それを正当に位置づけた判断が司法にも求められる。

(3) 政府、専門家などへの不信と「情報不安」

　第2の問題は、福島原発事故後の低線量被ばく安全論には、科学的にみて不適切なものが含まれているという点である。低線量被ばくの健康リスクは、

科学的知見が確立していないのであり、リスクがないわけでない。しかし、そこを踏み越えて「わからない」ことを「存在しない」かのように述べる専門家の発言が少なからずみられた (影浦 2013)。

これは科学的に不適切であるから、それを批判する専門家もあらわれる。そのため当初、市民の目には、相矛盾する発言が同じ専門家と呼ばれる人びとから発せられている、と映った。しかし、極端な安全論が科学的に不適切であることがわかってくると、そうした発言への不信や怒りが生じ、政府や専門家の発する情報の信頼性が低下するという事態を招いた。成元哲らはこれを「情報不安」と呼んでいる (成ほか 2015: 62)。

情報の信頼性の低下は、2つの方向に作用する。すなわち一方では、低線量被ばく安全論への拒否感を高め、不安を増幅することが考えられるが、他方、適切な対処法が明らかでないために、被ばく回避行動を低下させることもありうる。後者の場合も、被ばくに対する不安はむしろ高まることになる (成ほか 2015: 63)。

このように福島原発事故後の低線量被ばくに対する不安は、科学的知見が未確立であるという不確実性だけではなく、「情報不安」というかたちで増幅されている。科学的にみて不適切な政府や専門家の情報発信が、市民の不信や怒りを高めているのだから、そうした市民の感情は不合理なものとはいえない。問題とすべきは市民の感情ではなく、不信を招いた政府や専門家の不適切な言動である (影浦 2013: 78)。「情報不安」には、この点でリスク認知の社会的・規範的次元を読みとることができよう。

(4) 本章の課題と構成

本章では、以上の基本的な視点を踏まえて、低線量被ばくに対する不安の合理性・相当性、および「自主避難者」に対する賠償の課題を考える[1]。本章の構成は以下のとおりである。

次の第2節では、主に直接請求方式を通じた「自主避難者」への賠償をめぐる経緯と到達点を明らかにする (直接請求については第7章参照)。政府は、累積線量年間20 mSvを基準として避難指示区域を設定しており、その内・

外で大きな賠償格差が設けられている。したがって、この20 mSv基準が「自主避難者」に対する賠償を限定する根拠の1つだと考えられる。

では、避難指示区域外における不安と避難の合理性をどう考えるか。第3節ではこの点について、「予防原則」（事前警戒原則）と市民のリスク認知という2つの角度から検討を行う。放射線量が年間20mSvに達しない地域でも、健康影響がゼロといえないのであれば、「予防原則」に基づいて避難を選択することには一定の範囲で合理性が認められる。その際、合理性の認められる範囲を、政府による避難指示の有無だけで判断するのは妥当でない。「平均的・一般的な人」のリスク認知、とくにその背景にある価値観や規範意識も正当に考慮すべきである。では実際に出されている判決ではどうか。

第4節では、「自主避難者」への賠償に関する2つの判決を取り上げる。2016年2月の京都地裁判決は、避難元地域の放射線量が年間20 mSv（毎時3.8μSv）をかなり下回っていること、およびその事実が周知されていることをもって、「自主避難」の合理性が失われるとした。これは欠如モデルと同じ誤りを犯しているといえよう。これに対して、2017年3月の前橋地裁判決は「自主避難」の合理性を認めた点で注目される。

最後に第5節では、以上の考察を踏まえて、「自主避難者」の救済と支援策を広げるために何が必要かを考えたい。そこでは「経験としてのリスク」の共有がキーワードになるだろう。

2. 「自主避難者」に対する賠償の到達点

(1) 第1次追補 (2011年12月) と紛争審査会内の意見対立

原子力損害の賠償については、文部科学省に置かれる原子力損害賠償紛争審査会 (以下、原賠審) が指針を出すことができる (第7章参照)。原賠審は2011年8月に中間指針を策定した後、「自主避難者」への賠償を議題として取り上げるようになった。2011年10月20日には当事者からのヒアリングを行い、同年12月6日、この問題に関して中間指針第1次追補を決定した。

これにより、福島市など県内23市町村 (自主的避難等対象区域と呼ばれる) の

住民が、実際に避難したかどうかにかかわらず、新たに賠償の対象となった（**図終-1**）。該当者は約150万人におよび、賠償額は18歳以下の子どもと妊婦が1人あたり40万円、その他は8万円とされた。

　原賠審が自主的避難等対象区域に対して賠償を認めた理由は、「住民が放射線被曝への相当程度の恐怖や不安を抱いたことには相当の理由があ」ると判断したためである（第1次追補p.3）。このことは、避難をしていない「滞在者」を含め、当該区域のすべての住民に妥当するとされた。

　第1次追補は「自主避難」の類型を、時間の経過にしたがい次の2つに区分している (pp.1-2)[2]。第1の類型（または第1期）は、「〔事故〕発生当初の時期に、自らの置かれている状況について十分な情報がない中で、〔中略〕水素爆発が発生したことなどから、大量の放射性物質の放出による放射線被曝への恐怖や不安を抱き、その危険を回避しようと考えて避難を選択した場合」であ

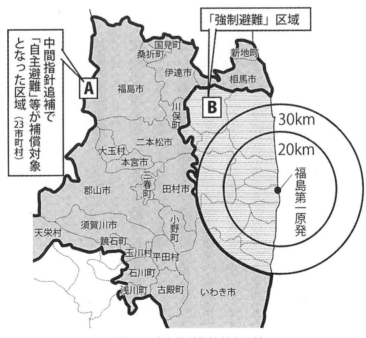

図終-1　自主的避難等対象区域

出所：除本（2013: 26）。

る。第2の類型（または第2期）は、「事故発生からしばらく経過した後、生活
圏内の空間放射線量や放射線被曝の影響等に関する情報がある程度入手でき
るようになった状況下で、放射線被曝への恐怖や不安を抱き、その危険を回
避しようと考えて避難を選択した場合」である。

　この2つの時期を分けるものは「情報」の入手可能性である。第1の「自主
避難」は、原発内の状況や汚染がどこまで拡大するかについて、情報がない
もとでの予防的行動である。第1期は、上記のとおり「事故発生当初」に限
定されているが、その具体的な時期について、追補では明確にされていない。
ただし原賠審の議論のなかで、2011年4月22日という区切りが示され、東
電もそのように運用している。

　第2の類型は、政府は避難指示を出していないものの、情報がある程度得
られるようになったなかで、それに基づき低線量被ばくの危険性を自ら判断
したうえでの予防的行動だと考えられる。ではこの場合の「情報」とは何か。
第1期と第2期を分ける目安とされる2011年4月22日は、年間20 mSvとい
う線量をもとに政府が計画的避難区域を設定した時点である。したがって、
避難指示区域から外れた地域は年間20 mSvに満たないとみなされたのであ
る。原賠審は、避難の類型を分ける「情報」として、放射線量を重視したと
いってよい。

　原賠審は、第1期については子ども・妊婦以外の住民にも賠償を認めてい
るが、第2期は子ども・妊婦のみに賠償を限定した。子ども・妊婦に対する
賠償の対象期間は、当面2011年12月末までとされた（**表終-1**）。

　このように、第1次追補は避難指示区域外の住民に対しても、一定の範囲
で賠償を認めたが、これは原賠審ですんなりと合意がなされたわけでなく、
深刻な内部対立を経たうえでの決定であった。区域外の賠償にもっとも否定
的だったのは、原賠審委員であった田中俊一（後に初代・原子力規制委員会委員
長）である。田中は、第1次追補を決定した第18回原賠審の最後の場面で、
メモを作成してきたとして、次のように読み上げた[3]。

　　放射線被曝の恐怖と不安は、個人差も大きく、終期も特定できず、現

終　章　市民が抱く不安の合理性　*181*

表終–1　自主的避難等対象区域の賠償

2011年3月11日〜12月31日	
子ども（18歳以下）と妊婦	40万円＋20万円
その他（2011年4月22日までの損害）	8万円
2012年1〜8月	
子ども（18歳以下）と妊婦	12万円
その他	4万円

注：第1回の賠償では、子ども・妊婦が避難した場合、20万円が追加で支払われる。第2回の賠償で、子ども・妊婦に対する12万円のうち4万円、および子ども・妊婦以外に対する4万円は、ともに慰謝料ではなく「追加的費用等」であり、事故発生以降の損害が対象になる。
出所：東京電力プレスリリースなどより作成。

在の福島県の放射能汚染状況を踏まえると、今後も長期にわたってこのような状況が継続することは避けられないと思います。しかし、これを今後も賠償という形で対応することが、不安や恐怖を克服する最も適切な方法であるとは、私は考えていません。

〔中略〕環境の放射線量を低減するための取組を促進するとともに、〔中略〕定期的な健康診断、健康相談、さらには個々人の被曝線量のモニタリング、あるいは、モニタリング結果を踏まえた放射線リスクコミュニケーション等の長期的・継続的な対策が有効であろうと考えています。低線量被曝に対する対策は、個人への賠償という形ではなく、多数の住民の不安や恐怖を軽減するための長期的な施策が優先的に講じられることを願うものです。

　ここでは、放射線被ばくに対する恐怖・不安の存在は認識されているものの、その合理性までは認められていないと考えられる。住民の恐怖や不安は各種の施策によって解消されるべきであり、年間20 mSv未満の地域では避難や賠償の必要はないというのが田中の主張である。

　この年間20 mSvという値は、ICRPが緊急時、または事故収束後の「現存被ばく状況」における防護活動の目安として示した線量（参考レベル）に基づいている。ICRPは、緊急時の参考レベルを20〜100 mSv、「現存被ばく状況」の参考レベルを1〜20 mSv（いずれも急性もしくは年間の値）としている。

182

20 mSvは、前者の下限値であるとともに、後者の上限値でもある。

(2)WG報告書（2011年12月）

　田中俊一と同様の立場を表明しているのが、前述のWG報告書である。WGの構成員には偏りがあるとの批判があり、たとえば日本弁護士連合会の会長声明は、「広島・長崎の原爆被爆者の健康影響の調査研究に携わる研究者が多く、低線量被ばくの健康影響について、これに否定的な見解に立つ者が多数を占めている」ことを挙げ、WGを「即時に中止して、多様な専門家、市民・NGO代表、マスコミ関係者の参加の下で、真に公正で国民に開かれた議論の場を新たに設定し、予防原則に基づく低線量被ばくのリスク管理の在り方についての社会的合意を形成することを強く求める」と提起していた（日本弁護士連合会 2011）。

　すでに一部紹介したが、2011年12月に出されたWG報告書は、年間20 mSvの被ばくについて次のように述べている（低線量被ばくのリスク管理に関するワーキンググループ 2011: 19）。

　　　現在の避難指示の基準である年間20ミリシーベルトの被ばくによる健康リスクは、他の発がん要因によるリスクと比べても十分に低い水準である。放射線防護の観点からは、生活圏を中心とした除染や食品の安全管理等の放射線防護措置を継続して実施すべきであり、これら放射線防護措置を通じて、十分にリスクを回避できる水準であると評価できる。

　つまり、政府が避難指示を出していない地域で暮らすことは、適切な放射線防護措置さえとれば問題がない——要するに避難の必要はない、というのが報告書の結論である（尾内・調 2012: 320）。この4年後に改定された、「原発事故子ども・被災者支援法」に基づく基本方針では、「空間放射線量等からは、避難指示区域以外の地域から新たに避難する状況にはなく、法の規定に従えば、支援対象地域は縮小又は撤廃されることが適当となると考えられる」とされ、避難の必要性がより明確に否定されている。

なお、WG報告書が上記引用箇所で「他の発がん要因によるリスクと比べても十分に低い」としているのは、次節で述べるとおり問題点も指摘される「リスク比較」の手法である。報告書はそうした批判を踏まえて「事故による被ばくのリスクを、自発的に選択することができる他のリスク要因（例えば医療被ばく）等と単純に比較することは必ずしも適切ではない」との留保を述べている。だがそのすぐあとで、「しかしながら、他のリスクとの比較は、リスクの程度を理解するのに有効な一助となる」と述べ、報告書全体としては、リスク比較に基づいて「自主避難」の合理性を否定しているのである（低線量被ばくのリスク管理に関するワーキンググループ 2011: 8）。

(3) 第2次追補（2012年3月）およびそれ以降

2011年12月末以降の賠償については、2012年3月の中間指針第2次追補で言及されている。ここでもまた原賠審委員の間で意見の対立が生じたため、妥協の産物として第2次追補はきわめて曖昧な内容となった。すなわち「第一次追補の内容はそのまま適用しない」が、個別のケースに応じて賠償も認められるとされたのである（第2次追補 pp.14-15）。

第2次追補の公表を受けて、東電は2012年12月、「自主避難者」に対する追加賠償を発表した。賠償額は子どもと妊婦が1人12万円、その他が4万円である（前掲表終–1）。賠償の対象期間は2012年8月末までとされた。

直接請求による「自主避難者」への賠償対象期間は、2012年8月末までであるが、それ以降の賠償については、原子力損害賠償紛争解決センターに委ねられた。同センターを通じた和解では、二重生活による面会交通費や生活費の増加などについて、個別の事情に応じて2012年9月以降も賠償が認められている。しかし「自主避難者」の申し立てを多く手がける弁護士によれば、最近は実費立証を求められる場面が増えており、とくに2015年4月分以降の請求が困難になっているという[4]。

3. 低線量被ばくに対する不安の合理性

　前節でみたように、年間20 mSvという政府の基準が、「自主避難者」の救済を広げるうえで大きな壁になっている。この問題をめぐって原賠審内部で意見対立があり、その妥協の結果として第1次、第2次追補が策定されたために、避難指示区域外の住民が低線量被ばくに対して抱く恐怖・不安の合理性をどう考えるかについて、原賠審の結論は出ていない。

　この点について吉村良一は、事故被害者の集団訴訟で提起されている議論を整理しつつ、①「予防原則」、②市民のリスク認知の2つの角度から論じている（吉村2015）。本節ではこれらについて検討したい。

(1) 低線量被ばくと「予防原則」

　原賠審の委員を務める中島肇は、中間指針の特徴の1つとして「『予防原則』の考え方を色濃く反映していること」を挙げる（中島2013: 8）。「予防原則」とは、因果関係や影響の度合いが必ずしも明確でない段階から、被害回避のための対策をあらかじめ講じるべきだという考え方である。

　低線量被ばくによる人体への影響については、科学的に明確な知見が確立されていない。ICRPはこうした科学的不確実性を補うために、「予防原則」にふさわしい考え方として、低線量であっても被ばく量に比例して、がんなどのリスクが増加するという「線形しきい値なし（LNT）仮説」を採用する。

　LNT仮説にしたがえば、低線量被ばくのもとで（たとえ小さいとしても）リスクがないとはいえない。したがって、政府が避難指示を出していない地域で、住民が放射線被ばくに対する不安を感じ、リスクを避けるために避難を選択したとしても、ただちに不合理だと片付けるわけにはいかないのである（中島2013: 9；米倉2013: 35-36）。

　ただし、LNT仮説と「予防原則」を前提としても、線量が年間20 mSvに満たない場合、どこまで恐怖・不安の合理性を認めうるかという問題がある（これは単に個人の判断ではなく、被害のどこまでを救済・支援策の対象とするかという社会的意思決定の問題である）。吉村良一が強調するように、避難の合理

終　章　市民が抱く不安の合理性　*185*

性・相当性は線量だけを基準に判断すべきではないが、線量は考慮すべき要素の1つではあろう（吉村 2015: 216-217）。

　集団訴訟で被害者側が参照している線量としては、平常時の市民の被ばく限度である年間1 mSv（毎時0.23 μSv）、あるいは事故前の「自然放射線量」（毎時0.04 μSv）がある。たとえば自主的避難等対象区域に属する郡山市についてみると、放射線量は当初、毎時0.23 μSvをかなり超えていたが、最近は下回るようになってきた（**表終-2**）。しかし、自然放射線量と比べるとまだ高い水準にある。

　このように、たとえLNT仮説と「予防原則」を前提としても、被ばくに対する恐怖・不安の合理性（したがって避難の合理性）がどのレベルまで認められるかによって、対象となる地域や期間にかなりの幅が出てくると考えられる。この「幅」は、空間線量以外にいかなる要因を考慮し、避難の合理性をどう

表終-2　郡山市の放射線量推移

単位：μSv/h

年/月	2011/8	2012/4	2012/10	2013/4	2013/10	2014/4
最大値	0.95	0.67	0.46	0.39	0.33	0.30
地区名	旧市内（中心部）	旧市内（中心部）	旧市内（中心部）日和田	旧市内（中心部）日和田	日和田	日和田
最小値	0.13	0.10	0.10	0.09	0.09	0.08
地区名	湖南	湖南	湖南	湖南	湖南	湖南
平均値	0.64	0.41	0.33	0.28	0.23	0.21
年/月	2014/10	2015/4	2015/10	2016/4	2016/10	2017/2
最大値	0.24	0.22	0.20	0.19	0.17	0.16
地区名	旧市内（中心部）日和田	旧市内（中心部）西田	日和田西田	日和田	日和田	日和田
最小値	0.08	0.08	0.08	0.07	0.07	0.07
地区名	湖南	湖南	湖南	湖南	湖南	湖南
平均値	0.18	0.17	0.15	0.14	0.13	0.12

注：高さ1mで測定。事故以前の放射線量（0.04 μSv/h相当）を含む。「地区」は、旧市内（中心部）、旧市内（東部）、富田、大槻、安積、三穂田、逢瀬、片平、喜久田、日和田、富久山、湖南、熱海、田村、西田、中田。
出所：郡山市「地区別放射線量平均値推移」（https://www.city.koriyama.fukushima.jp/186000/shinsai/documents/h29-2graph.pdf）より作成。

認定するかという判断枠組みによって大きく規定されることになる。これは
次の点とも密接に関係する。

(2) リスク認知の社会的・規範的次元

　原賠審の第1次追補で前提とされているのは、避難の合理性という場合に、
それが狭い意味での「科学的合理性」を意味しないということだ。「平均的・
一般的な人」が放射線被ばくに対して恐怖や不安を抱くのであれば、それに
基づく避難には合理性があり、避難にともなう損害も賠償の対象となると考
えられる。これは、低線量被ばくに関する科学的な知見が確立されていない
という現状からすれば、当然の前提であろう。

　これに関して、社会心理学におけるリスク認知研究を援用しつつ、低線量
被ばくに対する不安の合理性をさらに根拠づけようとする議論がある（鳥飼
2015）。一般に、破滅性、未知性、非自発性、制御不可能性、不公平性など
をともなうリスクに対して、人びとは受け入れがたいと感じる傾向がある。
これらの性質は、原発事故による放射線被ばくのリスクによくあてはまるか
ら、通常の市民が放射線被ばくに対して不安を抱くのは合理的であり、それ
を避けようとする「自主避難」の根拠づけにもなりうるという主張である。

　他方、政府や専門家は、市民のリスク認知を「主観的リスク」と捉えて「客
観的リスク」と対置させ、前者を感情に左右された（いわば不合理な）判断だと
考える傾向がある。破滅性、未知性、非自発性、制御不可能性、不公平性な
どへの市民の嫌悪感は、リスクに対する判断を誤らせるというのである。

　しかし、こうした主観／客観、感情／科学という二分法には強い批判もあ
る。たとえば非自発性についていえば「がんになる可能性がどれほど小さく
ても、自分が望んでもいないのに被ばくのリスクを押しつけられるのはごめ
んだ」という自己決定の考え方が基礎にあると考えられ、単なる感情論や誤
解、偏見ではない。市民のリスク認知は、専門家の計算するリスクに一元化
できるものではなく、正義や公平といった理念を含む多元的なものだと捉え
るべきである（平川 2004；平川ほか 2011: 27-31）。

　この点で、科学技術振興機構 科学コミュニケーションセンターの報告書

が重要な指摘をしている（科学技術振興機構 科学コミュニケーションセンター 2014: 51。注は略）。

　とくにリスクが事件化・社会問題化し、人々がリスクにさらされていると強く認識しているクライシスの状況では、人々は社会的・規範的問題に敏感になっており、社会的・規範的な側面での違いを無視して確率論的な見方のみでリスクの比較を行うことは、人びとの不満や怒りをまねきかねない。たとえば原子力発電所の事故にともなう放射線被ばくのリスクを、レントゲン撮影やCTスキャンのように診断・治療に役立ち、自分で受け容れられるかどうか決められる医療被ばくのリスクと比較することは、リスクと引き換えの便益や自己決定の有無の違いを無視したものとして問題視されやすい。また「問題となっているリスクは〇〇のリスクよりも小さい」といった説明は、当該のリスクの定量的な把握を人々に促すためであっても、「〇〇より小さいリスクなのだから受け容れよ」という押しつけと受け止められやすい。
　このことからリスクコミュニケーションでは、リスクの比較には格段の注意が求められる。

　市民のリスク認知は社会的・規範的次元——つまり人権や正義に基づく判断を含んでおり、単に主観的、感情的なものと片付けることはできない[5]。したがって、当事者の「認知」の社会的・規範的側面を正当に位置づけ、避難の合理性に関する社会的意思決定を行うことが求められる。それを可能にする回路の1つが、司法の場であることはいうまでもない。

4.「自主避難」の合理性をめぐる2つの司法判断

(1) 京都地裁判決（2016年2月）

　2013年5月、福島県中通りから「自主避難」をした親子5人が、東電に対して避難費用、就労不能損害、慰謝料などの賠償を求める訴訟を提起した。

京都地裁は2016年2月18日、原告の請求の一部を認める判決を出した。これは、「自主避難者」の損害賠償請求訴訟で東電の責任を認めた初の判決だとされ、今後の集団訴訟にとって先例となると考えられる。この判決には積極的に評価すべき点とともに、さまざまな問題点も指摘されているが、ここでは、「自主避難」の合理性に関する判断について検討する。

判決は、低線量被ばくの健康影響について「年間20 mSvを下回る被ばくが健康に被害を与えるものと認めることは困難といわざるを得ない」としたうえで、次のように述べる (p.41)。

　　本件事故は、我が国における未曾有の事態であり、福島県a市〔中略〕から自主避難し、本件事故による危険性が残存し、又はこれに関する情報開示が十分になされていない期間中自主避難を続けることは相当であること、被告が、平成24年8月31日まで自主避難を続けることの合理性を争っていないことなどからすると、原告らが、同日までの間自主避難を続けることには合理性を認めることができる。もっとも、〔中略〕同年9月1日以降の福島県a市内の放射線量は、年間20 mSvに換算される3.8 μSv毎時を大きく下回っており、この情報は広く周知されていたと認められるから、同日以降、福島県a市については、本件事故による危険性が残存し、又は危険性に関する情報開示が十分になされていない状況にあったと認めることはできない。すなわち、自主避難を続けることの合理性は認められないというべきである。

このように、判決は「自主避難」の合理性の判断にあたって、避難元地域が「本件事故による危険性が残存し、又は危険性に関する情報開示が十分になされていない状況」にあったかどうかを重視している。判決の文脈からすれば、「危険性が残存」していない状態とは放射線量が年間20 mSv（毎時3.8 μSv）をかなり下回っていることをさし、「情報開示」とはこの事実が周知されていることだと考えられる。逆にいえば、これらの2つの条件が満たされれば、避難の合理性は失われる。この論理は欠如モデルと同じ欠陥を共有し

ており、「情報不安」の影響や、リスク認知の社会的・規範的次元を無視している点で重大な問題をはらんでいる（平川 2017: 75）。

(2) 前橋地裁判決（2017年3月）

　これに対し、2017年3月17日に前橋地裁で言い渡された避難者集団訴訟の判決では、「自主避難者」のほとんどが避難の合理性を認められた。賠償がきわめて低額だという問題はあるものの、判決はLNT仮説を踏まえ、リスク認知の多元性などに近い判断をしており、評価できる点が少なくない（平川 2017）。

　判決は、LNT仮説に基づいて「年間20 mSvを下回る低線量被ばくによる健康被害を懸念することが科学的に不適切であるということまではできない」と述べる（p.207）。そして、相当程度の被ばくが想定される場合、通常人・一般人が健康被害の危険を「単なる不安感や危惧感にとどまらない重いものと受け止めるのは無理もないものといわなければならない」とし、さらに年齢や性別による健康影響の差を考慮するのもあながち不合理とはいえないとしている（p.208）。

　そのうえで判決は、「自主避難」の合理性について次のように述べる。「社会は多様な価値観を有する多くの人々により構成されており、相当因果関係を判断する際の通常人ないし一般人の見地に立った社会通念も、そうした人々の価値観の多様性を反映して一定の幅があるものと考えられる。したがって、同様の放射線量の被ばくが想定される状況下においても、その優先する価値によっては、避難を選択する者もいれば、避難しないことを選択する者もおり、これらが、通常人ないし一般人の見地に立った社会通念からみて、いずれも合理的ということがあり得る。〔中略〕周辺の住民が避難している割合の高低をもって、避難の合理性の有無を判断すべきではなく、個別の原告が置かれた状況を具体的に検討することが相当である」（pp.208-209）。この「価値観の多様性」という箇所に、リスク認知の多元性という意味をこめて理解したとしても、判決の趣旨から外れていないだろう[6]。

5. 「経験としてのリスク」を共有する

　第7章で、復興の不均等性について述べた。その一部として、リスク認知のあり方が人それぞれに多様であることを挙げた。しかし、多様なリスク認知に基づく各自の行動選択が必ずしも尊重されず、政府が不安の合理性を否定する立場にたっていることも大きく作用して、不安をうったえる声が抑圧され、あるいは自制される傾向がある。年間20 mSv未満でも低線量被ばくを懸念する人はいるのだが、評価の異なる他者（しばしば家族である場合もある）との対立を避け、あるいは「風評被害」を心配して、口を閉ざすのである。被害を語ることへの自制と抑制は、被害地域に閉塞感をもたらす。これによって全国的にみれば、むしろ事故被害の忘却・風化が進む可能性すらある（藤川 2015: 50-56）。

　福島復興政策は「風評被害」対策を1つの構成要素としている。風評被害という語は「無害」とされるものについて、人びとが回避する状況への非難性を含む。つまり、原発事故を引き起こした加害者の責任を、他の主体へと転嫁する作用がある（尾内・調編 2013: 131-132）。

　低線量被ばくによる健康影響がまったくないのであれば、それを回避する行動によって引き起こされる被害は、文字どおり風評被害である。しかし本件では、科学的に明確な知見が確立されていないグレーゾーンにまで、「風評被害」の語が充てられているのである。

　このように原発事故の被災地では、人びとの分断や反目、被害者の自制・閉塞がもたらされている。この状況をどう変えていくのか。第7章では、避難指示区域内あるいは周辺で取り組まれてきた集団申し立ての取り組みを紹介した。しかし、放射能汚染から逃れるための広域避難によって、被災地以外にも多くの避難者がいる。こうした孤立しやすい広域避難者を含め被害者同士で、あるいはより広範な人びととともに、「経験としてのリスク」を共有することが必要である。

　平川秀幸は、リスク認知の多元性について次のように述べている。「人間にとってリスクは、被害の発生確率といった科学的な意味をもつだけでなく、

不正義や不道徳の経験でもあり、この経験ゆえに抱く不信や失望、憎しみや怒りという感情、赦しや購い、償いという行為の対象なのである」（平川 2017: 74）。この「経験としてのリスク」はあくまで個人的なものである。しかし、そこには人権や正義といった普遍的な観念が含まれている。その点にこそ、「経験としてのリスク」を他者と共有しうる可能性があるだろう。

　司法には、当事者のリスク認知における社会的・規範的側面を正当に評価し、一方通行でない、双方向的なリスクコミュニケーションと合意形成を促進する役割が期待される（尾内 2017: 182-183）。そうした司法判断を導く前提として、それぞれの原告が避難を選択した背景にある価値観や規範意識を、言語化し可視化していくことが求められる。

　たとえば筆者が「自主避難者」に聞き取りをした経験では、自分自身よりもまず、子どもの被ばくを避けたいという強い思いが避難を選択した理由の1つになっている。いわば子どもの受けるリスクに対する重みづけであるが、これは他の多くの人びとから共感を得られるのではないか。「自主避難者」の救済と支援策を広げるためには、多様な「経験としてのリスク」のなかにある、こうした普遍性に着目することが重要であろう。

注

1　この論点については、2017年3月の前橋地裁判決を受けて、科学技術社会論の立場から平川秀幸も論じている（平川 2017）。平川も注記しているように、同論文は日本環境会議（JEC）福島原発事故賠償問題研究会（筆者も事務局に参加）での議論を踏まえた内容であり、基本的な問題意識は共有されている。なお本章は、第21回の同研究会（2016年5月22日、明治大学）および環境社会学会第53回大会（2016年6月12日）での筆者の報告、『災害情報』第14号（2016年）所収の拙論をもとに改稿したものである。

2　ただし「自主避難」の当事者からは、避難の類型をある時点で2期に分ける考え方に異論も出されている（第15回原賠審議事録）。なお原賠審の配布資料や議事録は、文部科学省のウェブサイト（http://www.mext.go.jp/b_menu/shingi/chousa/kaihatu/016/giji_list/）で閲覧できる。

3　第18回原賠審議事録による。

4　原発事故被害者支援に関する3県弁護士会協議会（第4回、山形市、2017年3月10日）での及川善大弁護士の報告による。

5　高橋征仁は、県外「自主避難者」と県内居住者に対する調査を比較することにより、

「自主避難」行動が知識不足や過剰な不安によるものではないと指摘し、さまざまなメディアにより情報を集め、ある程度の確信をもって「自主避難」を決断した人が多いのではないかと述べている（高橋 2015）。

6 他の集団訴訟では、2017年9月22日の千葉地裁判決でも「自主避難」の合理性が認められた。ただし、リスク認知の多元性にかかわる言及は、前橋地裁判決ほど明確にはみられない。また、2017年10月10日の福島地裁判決も避難指示区域外の損害を認めたが、地域ごとに判断しているため、人によってリスク認知が異なるという論点は損害の認定に大きく作用していないように思われる。

文献

尾内隆之, 2017, 「科学の不定性と市民参加」本堂毅・平田光司・尾内隆之・中島貴子編『科学の不定性と社会——現代の科学リテラシー』信山社, pp.169-184.

尾内隆之・調麻佐志, 2012, 「住民ではなくリスクを管理せよ——『低線量被ばくのリスク管理に関するワーキンググループ報告書』にひそむ詐術」『科学』第82巻第3号, pp.314-321.

尾内隆之・調麻佐志編, 2013, 『科学者に委ねてはいけないこと——科学から「生」をとりもどす』岩波書店.

科学技術振興機構 科学コミュニケーションセンター, 2014, 「リスクコミュニケーション事例報告書」.

影浦峡, 2013, 『信頼の条件——原発事故をめぐることば』岩波書店.

佐藤嘉幸・田口卓臣, 2016, 『脱原発の哲学』人文書院.

島薗進, 2013, 『つくられた放射線「安全」論——科学が道を踏みはずすとき』河出書房新社.

調麻佐志, 2013, 「奪われる『リアリティ』——低線量被曝をめぐる科学／『科学』の使われ方」中村征樹編『ポスト3・11の科学と政治』ナカニシヤ出版, pp.51-82.

成元哲・牛島佳代・松谷満・阪口祐介, 2015, 『終わらない被災の時間——原発事故が福島県中通りの親子に与える影響（ストレス）』石風社.

高橋征仁, 2015, 「沖縄県における原発事故避難者と支援ネットワークの研究2——定住者・近地避難者との比較調査」『山口大学文学会誌』第65巻, pp.1-16.

低線量被ばくのリスク管理に関するワーキンググループ, 2011, 「低線量被ばくのリスク管理に関するワーキンググループ報告書」12月22日.

寺田良一, 2016, 『環境リスク社会の到来と環境運動——環境的公正に向けた回復構造』晃洋書房.

鳥飼康二, 2015, 「放射線被ばくに対する不安の心理学」『環境と公害』第44巻第4号, pp.31-38.

中島肇, 2013, 『原発賠償　中間指針の考え方』商事法務.

中谷内一也, 2012, 「リスク認知と感情——理性と安心・不安のせめぎあい」中谷内一也編『リスクの社会心理学——人間の理解と信頼の構築に向けて』有斐閣, pp.49-66.

日本弁護士連合会, 2011, 「『低線量被ばくのリスク管理に関するワーキンググルー

プ』の抜本的見直しを求める会長声明」11月25日.

平川秀幸, 2004,「科学技術ガバナンスの再構築——〈安全・安心〉ブームの落とし穴」『現代思想』第32巻第14号, pp.170-172.

平川秀幸, 2017,「避難と不安の正当性——科学技術社会論からの考察」『法律時報』第89巻第8号, pp.71-76.

平川秀幸・土田昭司・土屋智子, 2011,『リスクコミュニケーション論』大阪大学出版会.

藤川賢, 2015,「被害の社会的拡大とコミュニティ再建をめぐる課題——地域分断への不安と発言の抑制」除本理史・渡辺淑彦編著『原発災害はなぜ不均等な復興をもたらすのか——福島事故から「人間の復興」,地域再生へ』ミネルヴァ書房, pp.35-59.

除本理史, 2013,「歪められた『賠償』」eシフト(脱原発・新しいエネルギー政策を実現する会)編『日本経済再生のための東電解体』(合同ブックレット・eシフトエネルギーシリーズvol.3)合同出版, pp.25-39.

吉村良一, 2015,「『自主的避難者(区域外避難者)』と『滞在者』の損害」淡路剛久・吉村良一・除本理史編『福島原発事故賠償の研究』日本評論社, pp.210-226.

米倉勉, 2013,「『福島原発避難者訴訟』における損害論——平穏生活権侵害における損害と因果関係」『環境と公害』第43巻第2号, pp.32-36.

Shrader-Frechette, K. S., 1991, *Risk and Rationality: Philosophical Foundations for Populist Reforms.* ＝2007, 松田毅監訳『環境リスクと合理的意思決定——市民参加の哲学』昭和堂.

読 書 案 内

【原子力・放射能全般】

① 高木仁三郎，2011，『原子力神話からの解放——日本を滅ぼす九つの呪縛』講談社＋α文庫．

② ウォード・ウィルソン，2016，『核兵器をめぐる5つの神話』法律文化社．

③ 中西準子，2014，『原発事故と放射線のリスク学』日本評論社．

　原子力・放射能にかかわる書籍はあまりに多く、多様である。かたよった見解もあって、読めば読むほど分からなく感じることさえある。その中で、①『原子力神話からの解放』は、言うまでもなく原発には反対の立場から書かれているものの、科学的で分かりやすい解説であり、最初に手に取るのに薦められる。

　似たタイトルの②『核兵器をめぐる5つの神話』は、名前通り核兵器に関する分析である。広島・長崎への原爆投下こそが太平洋戦争を終結させた、など、アメリカ社会に流布する「神話」を綿密な資料に基づいて分析している。

　放射線のリスクに関する見解は、原発への意見以上に多様なので、誰にでも納得しやすい文献を紹介することはできない。③『原発事故と放射線のリスク学』もその例外ではないが、考え方の過程や諸側面が書かれているので、他の著書との比較にも使いやすい。（藤川賢）

【広島・長崎】

① 広島市・長崎市原爆災害誌編集委員会編，1979，『広島・長崎の原爆災害』岩波書店．

② 伊藤直子・田部知江子・中川重徳，2006，『被爆者はなぜ原爆症認定を求めるのか』岩波ブックレット．

③ グローバルヒバクシャ研究会編／高橋博子・竹峰誠一郎責任編集，2006，『〈市民講座いまに問う〉ヒバクシャと戦後補償』凱風社．

　広島・長崎の原爆被災に関する文献は膨大で、どこから手を付ければよいのかも人によってさまざまだろう。ただ、その中できちんとこの問題について学ぶの

であれば、①『広島・長崎の原爆災害』は外しがたい。両市にかかわる多くの関係者の協力によって生まれたもので、広範でありながら密度も濃い。現在は刊行されていないようだが、図書館などでの閲覧は難しくない（エッセンスをまとめた普及版として、同じ編者による『原爆災害——ヒロシマ・ナガサキ』岩波現代文庫、2005年、もある）。

　現在も続く原爆症認定訴訟や、さまざまな被害者の活動を知るのに適しているのが、②『被爆者はなぜ原爆症認定を求めるのか』である。内部被ばくなどを含む被爆の苦しみが長く続くこともよく分かる。③『〈市民講座いまに問う〉ヒバクシャと戦後補償』も、原爆症認定の問題を軸にしながら、同時に、マーシャル（ビキニ原水爆実験など）やチェルノブイリをはじめとして、世界各地の被ばく問題を知るにも役立つ。（藤川賢）

【人形峠】

① 土井淑平・小出裕章，2001，『人形峠ウラン鉱害裁判——核のゴミのあと始末を求めて』批評社．

② 小出裕章・土井淑平，2012，『原発のないふるさとを』批評社．

③ 小田康徳編，2008，『公害・環境問題史を学ぶ人のために』世界思想社．

　①『人形峠ウラン鉱害裁判』は、人形峠の放射能汚染問題を知るうえで必読の1冊であり、歴史的背景や放射線の危険性などを含めて分かりやすく紹介している。同じ共著者による②『原発のないふるさとを』は、福島原発事故を受けて書かれたものであり、鳥取県青谷原発反対運動とウラン鉱害裁判との関係などについても詳しい。地域が放射能汚染にどう取り組めるのか、可能性を広げる本である。著者の1人である土井淑平は、鳥取在住の市民活動家で共同通信記者としても原発・公害問題を長く追及している。また、小出裕章は元・京都大学大学原子炉実験所助教であり、専門家の立場から原発に警鐘を鳴らし続けている。

　③『公害・環境問題史を学ぶ人のために』は、原子力にかかわる課題を日本の環境問題の歴史にどう位置づければよいか、概観できる1冊である。（藤川賢）

【東海村】

① JCO臨界事故総合評価会議，2000，『JCO臨界事故と日本の原子力行政——

安全政策への提言』七つ森書館.

② NHK「東海村臨界事故」取材班，2006，『朽ちていった命──被曝治療83日間の記録』新潮文庫.

③ 齊藤充弘，2002，『原子力事故と東海村の人々──原子力施設の立地とまちづくり』（シリーズ臨界事故のムラから 1）那珂書房.

　東海村JCO臨界事故が日本社会に与えた影響は大きく、かなり多くの著作が存在する。その中でももっとも広範な視点からこの事故を分析し、原発見直しへの提言につなげているのが、①『JCO臨界事故と日本の原子力行政』である。福島原発事故後の今日と比較しても興味深い。

　この事故は、日本の原発関連施設で起きた初めての急性放射線障害による死亡事故としても大きな社会問題となった。②『朽ちていった命』は、その緊張感を伝える1冊として、今も多くの人に読まれている。

　③『原子力事故と東海村の人々』は、日本で最初の原子力発電所が立地される経緯から、事故の際に東海村の多くの人がJCOの位置さえよく分からなかった理由まで、分かりやすく教えてくれる。村上達也東海村長（当時）のインタビューをはじめ、このシリーズ4冊はどれも興味深く、福島原発事故後の今日にも貴重である。（藤川賢）

【福島原発事故】

① 原子力資料情報室編，2016，『検証　福島第一原発事故』七つ森書館.

② 山本薫子・高木竜輔・佐藤彰彦・山下祐介，2015，『原発避難者の声を聞く──復興政策の何が問題か』岩波ブックレット.

③ 除本理史・渡辺淑彦編著，2015，『原発災害はなぜ不均等な復興をもたらすのか──福島事故から「人間の復興」，地域再生へ』ミネルヴァ書房.

　2011年3月に起きた福島原発事故は深刻な環境汚染を引き起こし、大きな社会経済的影響をもたらした。この事故をめぐっては、その原因や関係者の責任、汚染や被害、被ばくの健康影響、政府や専門家による事故後の対応の問題点、あるいはエネルギー政策への影響など、きわめて広範な論点が存在し、関連の出版物も数多い。そのすべてを網羅することはできないため、ここでは全体の概観、および避難者の被害と復興政策という観点から3冊を選んだ。これらの書物を入

口として、より多くの出版物にふれていただきたい。

　まず、福島原発事故に関する広範な論点を扱った「事典」として利用できるのが、①『検証　福島第一原発事故』である。同書では、事故の原因、事後処理、事故に至る歴史、住民の避難と帰還をめぐる政策的対応、放射能汚染と除染、労働者と住民の被ばく、事故の社会的影響などについて幅広く論じられている。

　避難者の被害については、②『原発避難者の声を聞く』を挙げたい。本書は、政府の避難指示が出された福島県富岡町の人たちの声をていねいに紹介することを通じて、避難者の受けた被害を詳細に明らかにしている。とりわけ直接には金銭換算の難しい、人生の蓄積や生業、地域社会の破壊といった質的被害を、当事者の言葉をもとに描き出した点で貴重である。

　最後に、原発被災地の復興政策に対する批判的検討として、③『原発災害はなぜ不均等な復興をもたらすのか』を紹介しておく。同書は、福島県川内村など復興の最前線での実態調査をもとに、賠償の格差や、ハード面の公共事業にかたよった復興政策が、被害者の分断と不均等な復興をもたらしてきた実情を明らかにしている。（除本理史）

あとがき

　本書では、放射能汚染や原子力事故をめぐって被害の過小評価、加害責任の曖昧化がくりかえされてきた経緯を、代表的な事例を通じて確認してきた。最後に、これまで述べてきたことをあらためて「私たちの問題」として捉え直しておきたい。はしがきでも述べたように、放射能汚染や被ばくへの不安を過小評価するのは、「原子力ムラ」と呼ばれるような原子力利用を推進する側の戦略だが、それだけでなく私たち市民の認識や行動も、そうした過小評価の構造的な再生産に、意図的ではないにせよ寄与してきたといえるからだ。

　本書で各事例をみる際に重視したのは、何がどのように起きたのかという発生過程や原因究明よりも、それが「地域」の中でどのように受け止められてきたのか、という問題発生後の経緯に着目することである。これには2つの理由がある。

　1つは、関係者の範囲である。事故の発生過程における当事者は現場を中心に限られがちだが、事故の影響を受ける範囲は、時には世代や国境を越えるほど広い。原子力にかかわる人たちだけでない、社会にとっての放射能汚染問題の意味を考察するには、問題発生後がより重要になる。

　もう1つは、それぞれの経験から何を学ぶかという点である。大きな問題の発生直後には、大小様々な課題と教訓が指摘される。それがすべて活かされてきたら、これほど何度も放射能汚染問題がくりかえされることはなかったかもしれない。再び汚染問題を起こさないためには、これまでの事故等で指摘されてきたにもかかわらず、十分活かされてこなかった主張や認識をもう一度ふりかえることが役立つのではないかと考えた。

この2つはかかわりあっている。JCO臨界事故の1年後に刊行された『原発事故はなぜくりかえすのか』の「はじめに」で、高木仁三郎は、「忘れっぽい日本人」についての危惧を示している。JCO事故の衝撃は日本全国に及び、原子力行政についての国民的議論があったが、1年ほどの間にそれが忘れられようとしているというのである。その認識の上で、高木は原子力技術者の視点から、事故の経験が原子力産業全体の根本的な問い直しにならないことへの組織的、構造的な問題点を追及した。そこには問題が局所化、細分化されることによって、再発防止への蓄積につながらなくなる状況がある。

　たとえば、ウラン鉱山の問題と原発事故をまったく別物とみなせば、それは同じことがくりかえされたわけではないことになる。また、2002年に発覚した長年の「トラブル隠し」が示すように、福島第一原発では2011年以前にも多くのトラブルを経験してきたが、それを大事故と分けてしまえば「原発にも細かいトラブルはあるが、それが大事故につながったことはなく、安全対策は万全だ」と主張することも可能になってしまう。それは、多くの関係者にとって、事故や問題を起こしたのは自分たちではなく、原子力の安全技術の確立された部分は揺るがない、という認識につながる。

　こうした考え方は、原子力業界の閉鎖性、「安全神話」などとして批判されてきたところである。だが、私たち「忘れっぽい日本人」は、同じように、事故や問題の衝撃を忘れるとともに、自分自身を当事者から切り分けてきたともいえる。原爆被災は広島・長崎の問題、もしくは一部の被爆者の問題、福島原発事故は福島あるいはその中でも避難指示区域の問題などと分けてしまえば、複数の問題を経験した人はごくわずかにすぎないのだから、放射能汚染問題の「くりかえし」も存在しないことになる。東日本大震災の直後には、日本全体が世界規模の放射能汚染問題の当事者であるという雰囲気があった。しかし、JCO事故後と同じように、そうした雰囲気はいつの間にか薄れ、原子力と放射能の問題は限られた一部の人たちのものにされつつある。

　2017年7月に採択された核兵器禁止条約に日本政府は反対したが、その際、日本政府は被爆国としての見解をほとんど示すことなく、強国が軒並み条約に反対していて、それを変えることはできないのだと、現状に追随した。歴

史と現在とを恣意的に切り離し、その時々で都合のよい面だけを取り出し、他の見方を無視する姿勢は、戦後の日本が原発推進を貫き、スリーマイル島、チェルノブイリ、東海村などの事故を経ても変わらなかったことに通じる。同じように、今日、福島原発事故に関する国、東京電力の責任が十分検証されず曖昧になっていることと、事故があったにもかかわらず「原発回帰」が進んでいることは、表裏一体の関係にある。

　核兵器だけでなく他の原子力施設も含めて、日本が多くの放射能汚染問題を経験し、それらが私たち一人ひとりにかかわっていることを確認する意味は大きい。原子力と放射能汚染を限られた一部の人たちの問題であるかのように捉え、再稼働の決定を電力会社や原子力規制委員会などの政府当局、そして立地自治体だけに委ねてしまえば、それは「原子力ムラ」と「安全神話」を再生させることにもつながるのではないか。

　こうした問題の局所化と関係者の限定こそ、放射能汚染問題がくりかえされてきた大きな背景なのではないだろうか。だとすれば、「風化」するのは個々の問題ではなく私たちの意識であり、風化は私たちの問題なのである。責任の取り方、事故後の対応のあり方を確認しないまま、福島原発事故を過去のことにし原子力への依存を再び高めるなら、私たちは無自覚のうちに、放射能汚染問題の再発に手を貸すことになるかもしれない。

　この点に関して、本書がもう1つ重視するのは、これまでの放射能・原子力に関する諸問題を語り続け、外部へ次世代へとつなげていく人たちの存在である。被害者が、自分たちの経験を語るのは、必ずしも簡単なことではない。支援者や継承者が自分と直接の利害関係のない問題にかかわり続けるのは、さらに難しい。にもかかわらず、長年にわたってそれを実現している人たちは少なくない。その活動は、それ自体が意味をもち、周囲に情報と影響をもたらすのにとどまらず、いろいろな思いをもちながら表現できなかった人びとにとっても力となる。この系譜こそ、これまでの経験を再発防止につなげる重要な源泉だろう。一時的な流行の波を超えて活動を継続してきた人たちの多様な思いと、それらに共通する方向性とを、本書が少しでも伝えら

れていれば幸いである。

　この数年間の調査研究を通して、多くの方がたからご教示をいただいたことで、執筆者一同は多くの力と励ましを与えられた。文中でお名前を挙げた方のほかに、言及できなかった方も少なくない。これからお会いしたい方、学ぶべきことはさらに多い。これら先達の方がたへの感謝と敬意を新たにするとともに、ご教示いただいたことの重みを受け止め、今後につなげていきたいと願っている。なお、本書の各章で、被害当事者、支援者の方などに言及する場合も、表記統一のため研究者などと同様に敬称を略させていただいた。ご容赦願いたい。

　このほかにも、本書は、直接間接を問わず多くの方がたのご尽力の賜物である。本書が刊行できるのは、東信堂社長の下田勝司氏がこの問題を問い続ける意義を認めてくださったおかげである。編集などを担当してくださった向井智央氏とともに、執筆や構成についても寛大で行き届いたご尽力をいただいた。また、本書の主な内容にかかわる調査は、次の研究助成によって可能になったものである（ただし第6章は別途寄稿を依頼）。三井物産環境基金2012年度研究助成「地域放射能汚染の解決過程に関する事例比較研究」、科研費基盤研究（B）15H02872「地域環境汚染問題の解決過程に関する総合的研究——福島原発事故問題を基軸に」。以上記して感謝申し上げる。

2018年3月

藤川賢・除本理史

事項索引

あ

青谷（・気高）原発　iv, 91, 93-103, 111-113, 196

青谷反原発共有地の会　107, 110, 111, 113

安全神話　117, 118, 127, 132, 134, 200, 201

浦上　iii, 53, 54, 56, 58, 59, 61, 62, 64

えねみら・とっとり　107, 108, 110, 111, 113

汚染原因者　iv, 67, 69-72, 81-84, 86-88

か

加害責任の曖昧化　ii, iii, 199

核実験　3, 4, 11, 12, 21, 41

核燃料サイクル　125

核燃料サイクル開発機構　124

核兵器禁止条約　200

仮設住宅　163

方面地区　iv, 67-69, 72, 73, 86-88, 103-105

関東子ども健康調査支援基金　151

急性放射線障害　117, 118, 197

キリスト教者　53, 54, 56, 58-60, 62-65

経験としてのリスク　173, 178, 190, 191

欠如モデル　175, 176, 178, 188

健康リスク　80, 85, 148, 175, 176, 182

原子力安全委員会　76, 78, 79, 118, 125, 133

原子力安全行政　125, 132

原子力安全・保安院　117, 118, 125

原子力委員会（アメリカ）　12

原子力委員会（日本）　132

原子力／核の平和利用　3, 25, 43, 44, 122

原子力事故　i, ii, 117, 155, 173, 176, 199

原子力損害の賠償に関する法律　156, 170

原子力損害賠償紛争解決センター　156, 159, 166-168, 183

原子力損害賠償紛争審査会156-159, 161, 162, 170, 178-180, 183, 184, 186

原水爆禁止運動　43, 63

原水爆禁止世界大会　13, 30

原爆医療法　iii, 8, 31, 32, 38-41

原爆傷害調査委員会（ABCC）　29, 45

原爆症認定　8, 39-42, 45, 196

原爆症認定集団訴訟　42, 45

原爆被害（者）　iii, iv, 13, 15, 16, 19, 25, 26, 29-33, 44, 45, 53, 56, 57, 59, 62

原爆被爆者対策基本問題懇談会　31, 32, 38, 39, 41

原発回帰　170, 201

原発棄民　17

原発事故子ども・被災者支援法143-145, 150-152, 163, 168, 169, 182

権利濫用　81, 82, 87

広域避難　139, 140, 150, 190

公害　i, ii, 4-9, 15-17, 20, 26, 38, 95, 155, 174, 196

甲状腺がん　146, 151, 152, 159

甲状腺検査　46, 150, 151, 153

高速増殖炉「もんじゅ」　125

国際放射線防護委員会（ICRP）　78, 175

さ

在外被爆者　31

再稼働　91, 92, 110, 117, 129, 131, 134, 139, 201

再処理工場火災（東海村）　122, 124, 127

差別の正当化　iv, 53, 56, 59, 60, 62, 64, 65

残留放射線　31, 33, 42, 45

JCO臨界事故　i, iv, 25, 117-137, 150, 196, 197, 200

自主避難（区域外避難）　v, 17, 110, 145, 150, 159, 160, 163, 169, 170, 173-193

自主避難の合理性　v, 160, 173, 174, 178, 183-189

市民調査　149, 152

集団訴訟（福島原発事故被害者）　159, 166, 168-170, 173, 174, 184, 185, 188, 189

集団申し立て　166, 190

出荷制限　143, 148

情報不安　176, 177, 189

初期被ばく　146

所有権　73, 74, 86, 105

スティグマ　53, 54, 59, 60, 62, 65

スリーマイル島（原発）事故　25, 96, 97, 201

線形しきい値なし（LNT）仮説　75, 76, 184, 185, 189

戦争被害受忍論　27-29, 31, 32

た

第五福竜丸　30, 43

脱原発運動　91, 93

脱原発とうかい塾　127

地域再生　vi, 171

地域生活利益　159

チェルノブイリ（原発）事故　4, 20, 25, 82, 101, 107, 122, 133, 142, 196, 201

中間指針　156, 161, 162, 170, 178, 183, 184

低線量被ばく　45, 46, 56, 75-79, 133, 160, 173-177, 180-184, 186, 188-190

低線量被ばく安全論　175-177

低認知被災地　v, 128, 139-153

東海原発（日本原子力発電 東海発電所）　120, 129

東海第二原発　117, 118, 120, 122, 128, 129, 131, 134, 143

東海第二原発運転差し止め訴訟　129

動力炉・核燃料開発事業団（動燃）67-69, 103, 104, 122, 124

土地利用妨害　73, 77, 86

な

内部被ばく　42, 45, 144, 146, 196

日本原水爆被害者団体協議会（日本被団協）　13, 16, 30, 31, 43-45

人形峠ウラン鉱害（汚染事件）　iii, 19, 67-89, 91, 103-107, 196

人間の復興　v, 170, 171

は

賠償格差　v, 158, 164-166, 170, 178, 198

反原発運動　96, 110, 112, 113

反公害運動　93

燔祭説　59, 60, 63, 64

被害者の分断　ii, iii, v, vi, 15, 25-52, 155-173, 190, 198

被害の過小評価 i-iii, v, 7, 9, 45, 139, 155, 158, 173, 174, 199

被害の社会構造　16

被害の潜在化　7-9, 16, 17, 21

被害の晩発性　ii, 155

ビキニ環礁　3, 4, 11, 30

ビキニ原水爆実験　196

ビキニ被ばく問題　13

被差別部落　14, 54

避難指示区域　141, 158-164, 166, 168-170, 177, 178, 180, 182, 184, 190, 200

避難の権利　169, 174

被爆者援護制度　32, 39, 40, 41, 45

被爆者援護法　16, 31, 33, 34, 37, 39, 40

被爆体験者　37, 38, 46

被爆地域　32, 34, 35, 37-39, 46

被ばくを避ける権利　160, 169, 174

広島平和記念都市建設法　13, 30

不均等な復興（復興の不均等性）　v, 163, 164, 190, 198

福島県民健康調査　46, 150

福島（第一）原発事故　i-vii, 4, 5, 10, 17, 18, 20-22, 25, 26, 43-45, 53, 67, 81, 85, 87, 88, 91, 101, 105-107, 110, 112, 114, 117, 118, 123, 125-128, 130, 131, 133, 139, 143, 146, 155, 156, 170, 173-177, 196-198, 200, 201

復興政策　v, 150, 155, 161, 163-166, 170,
　　　　　171, 190, 197, 198
ふるさとの喪失　　　　　　159
放射性廃棄物　i, 43, 106, 131, 132
放射性物質汚染対処特措法　81, 82, 87,
　　　　　142
母子避難　　　　17, 145

ま、や、ら

まきかえし　　　　　　　5-7

三島・沼津コンビナート誘致阻止闘争 94
問題の局所化　　　　7, 9-11, 201
予防原則　　152, 178, 182, 184, 185
リスクコミュニケーション　176, 181,
　　　　　187, 191
リスク社会　　　　　　　20
リスク認知の多元性　165, 175, 189, 190
リスクの盥回し　　　　　　72
リリウムの会　　131, 132, 134

人名索引

相沢一正　　　　　122, 127, 129
榎本益美　　19, 69, 73, 103-105
久米三四郎　　　　97-99, 103
小出裕章　95-97, 99, 104, 107, 117, 196
近藤久子　　　　95, 97, 112
澤井余志郎　　　93, 94, 114
孫振斗　　　　　31, 32

高木仁三郎　　i, ii, 133, 195, 200
土井淑平　92-96, 100, 101, 103-106, 108,
　　　　　110, 111-114, 196
永井隆　　　　44, 59, 62, 63
村上達也　120, 122-125, 127-129, 133,
　　　　　197
ヨハネ・パウロ2世　　　　60

■執筆者紹介（執筆順）

藤川賢（ふじかわ・けん）　はしがき、序章、第5章、読書案内、あとがき
　編著者紹介欄参照

除本理史（よけもと・まさふみ）　はしがき、第7章、終章、読書案内、あとがき
　編著者紹介欄参照

尾崎寛直（おざき・ひろなお）　第1章
　東京経済大学経済学部准教授、東京大学大学院総合文化研究科博士課程単位取得
　退学
　著書に『岐路に立つ震災復興』（共編著、東京大学出版会、2016年）、『「環境を守る」
　とはどういうことか』（共編著、岩波ブックレット、2016年）、『原発災害はなぜ不
　均等な復興をもたらすのか』（分担執筆、ミネルヴァ書房、2015年）など。

堀畑まなみ（ほりはた・まなみ）　第2章
　桜美林大学総合科学系教授、東京都立大学大学院社会科学研究科博士課程満期退学
　著書に『公害・環境問題の放置構造と解決過程』（共著、東信堂、2017年）、論文に「豊
　島の環境再生の現状と課題」『環境と公害』第42巻3号（2013年）など。

片岡直樹（かたおか・なおき）　第3章
　東京経済大学現代法学部教授、早稲田大学博士（法学）
　著書に『原発災害はなぜ不均等な復興をもたらすのか』（分担執筆、ミネルヴァ書房、
　2015年）、『レクチャー環境法（第3版）』（分担執筆、法律文化社、2016年）、論文に「農
　地の放射能汚染除去を請求した民事裁判に関する考察」『現代法学』第33号（2017年）
　など。

土井妙子（どい・たえこ）　第4章
　金沢大学学校教育学類教授、一橋大学大学院社会学研究科地球社会専攻単位取得
　退学
　著書に『原発災害はなぜ不均等な復興をもたらすのか』（分担執筆、ミネルヴァ書房、
　2015年）、論文に「福島原発事故をめぐる避難情報と避難行動──双葉郡各町村に
　着目して」『環境と公害』第42巻第1号（2012年）など。

原口弥生（はらぐち・やよい）　第6章
　茨城大学人文社会科学部教授、東京都立大学博士（社会学）
　著書に『原発震災と避難』（分担執筆、有斐閣、2017年）、『現代文明の危機と克服
　──地域・地球的課題へのアプローチ』（共著、日本地域社会研究所、2014年）、論
　文に「低認知被災地における市民活動の現在と課題──茨城県の放射能汚染をめぐ
　る問題構築」『平和研究』第40号（2013年）など。

■編著者紹介

藤川賢（ふじかわ・けん）

明治学院大学社会学部教授、東京都立大学大学院社会科学研究科博士課程満期退学
著書に『公害・環境問題の放置構造と解決過程』（共著、東信堂、2017年）、『公害
被害放置の社会学──イタイイタイ病・カドミウム問題の歴史と現在』（共著、東
信堂、2007年）、舩橋晴俊編『講座　環境社会学　第2巻　加害・被害と解決過程』（分
担執筆、有斐閣、2001年）など。

除本理史（よけもと・まさふみ）

大阪市立大学大学院経営学研究科教授、一橋大学博士（経済学）、日本環境会議（JEC）
事務局次長
著書に『公害から福島を考える』（岩波書店、2016年）、『福島原発事故賠償の研究』（共
編著、日本評論社、2015年）、『原発賠償を問う』（岩波ブックレット、2013年）、『西
淀川公害の40年』（共編著、ミネルヴァ書房、2013年）、『環境被害の責任と費用負担』
（有斐閣、2007年）など。

放射能汚染はなぜくりかえされるのか──地域の経験をつなぐ──

		〔検印省略〕
2018年 3 月31日　　　初　版第1刷発行		
2019年11月15日　　　初　版第2刷発行		

＊定価はカバーに表示してあります。

編著者©藤川賢・除本理史
発行者 下田勝司

印刷・製本／中央精版印刷株式会社

東京都文京区向丘1-20-6　　郵便振替 00110-6-37828
〒113-0023　TEL 03-3818-5521（代）　FAX 03-3818-5514

発 行 所
株式
会社 東信堂

Published by TOSHINDO PUBLISHING CO., LTD.

1-20-6, Mukougaoka, Bunkyo-ku, Tokyo, 113-0023, Japan

E-Mail : tk203444@fsinet.or.jp　http://www.toshindo-pub.com

ISBN978-4-7989-1494-7 C3036　　　　　　　　　　　　©K. FUJIKAWA, M. YOKEMOTO

東信堂

放射能汚染はなぜくりかえされるのか ―地域の経験をつなぐ　藤川賢・除本理史編著　二〇〇〇円

原発災害と地元コミュニティ ―福島県川内村奮闘記　鳥越皓之編著　三六〇〇円

東京は世界最悪の災害危険都市 ―日本の主要都市の自然災害リスク　水谷武司　二〇〇〇円

故郷喪失と再生への時間 ―新潟県への原発避難と支援の社会学　松井克浩　三二〇〇円

被災と避難の社会学　松井克浩　二三〇〇円

豊田とトヨタ ―産業グローバル化先進地域の現在　山口博史・岡村徹也・丹辺宣彦編著　四六〇〇円

社会階層と集団形成の変容 ―集合行為と「物象化」のメカニズム　丹辺宣彦　六五〇〇円

【現代社会学叢書より】

世界の都市社会計画 ―グローバル時代の都市社会計画　橋本和孝・藤田弘夫・吉原直樹編著　二三〇〇円

都市社会計画の思想と展開　橋本和孝・吉原直樹・藤田弘夫編著　二三〇〇円

（アーバン・ソーシャル・プランニングを考える・全2巻）

インナーシティのコミュニティ形成 ―神戸市真野住民のまちづくり　今野裕昭　五四〇〇円

現代大都市社会論 ―分極化する都市?　園部雅久　三八〇〇円

【地域社会学講座　全3巻】

地域社会学の視座と方法　似田貝香門監修　二五〇〇円

グローバリゼーション／ポスト・モダンと地域社会　古城利明監修　二五〇〇円

地域社会の政策とガバナンス　岩崎信彦・矢澤澄子監修　二七〇〇円

【シリーズ防災を考える・全6巻】

防災の社会学【第二版】 ―防災コミュニティの社会設計へ向けて　吉原直樹編　三八〇〇円

防災の心理学 ―ほんとうの安心とは何か　仁平義明編　三三〇〇円

防災の法と仕組み　生田長人編　三三〇〇円

防災教育の展開　今村文彦編　三三〇〇円

防災と都市・地域計画　増田聡編　続刊

防災の歴史と文化　平川新編　続刊

〒113-0023　東京都文京区向丘 1-20-6　　TEL 03-3818-5521　FAX03-3818-5514　振替 00110-6-37828
Email tk203444@fsinet.or.jp　URL:http://www.toshindo-pub.com/

※定価：表示価格（本体）＋税

東信堂

白老における「アイヌ民族」の変容 ―イオマンテにみる神官機能の系譜	西谷内博美	二八〇〇円
開発援助の介入論 ―インドの河川浄化政策に見る国境と文化を越える困難	西谷内博美	四六〇〇円
資源問題の正義 ―コンゴの紛争資源問題と消費者の責任	華井和代	三九〇〇円
海外日本人社会とメディア・ネットワーク ―バリ日本人社会を事例として	今野裕昭・松本行裕 編著	四六〇〇円
移動の時代を生きる ―人・権力・コミュニティ　国際社会学ブックレット1	吉原直樹監修　大西仁編	三二〇〇円
国際社会学の射程 ―日韓の事例と多文化主義再考　国際社会学ブックレット2	西原和久・芝真里 編訳	一二〇〇円
国際移動と移民政策 ―社会学をめぐるグローバル・ダイアログ　国際社会学ブックレット3	有田伸・山本かほり・西原和久 編著	一〇〇〇円
トランスナショナリズムと社会のイノベーション ―越境する国際社会学とコスモポリタン的志向	西原和久	一三〇〇円
現代日本の地域分化 ―センサス等の市町村別集計に見る地域変動のダイナミックス	蓮見音彦	三八〇〇円
現代日本の地域格差 ―二〇一〇年・全国の市町村の経済的・社会的ちらばり	蓮見音彦	二三〇〇円
「むつ小川原開発・核燃料サイクル施設問題」研究資料集	舩橋晴俊・茅野恒秀 編著	一八〇〇〇円
新版 新潟水俣病問題 ―加害と被害の社会学	飯島伸子・舩橋晴俊 編	三八〇〇円
新潟水俣病をめぐる制度・表象・地域	関礼子	五六〇〇円
新潟水俣病問題の受容と克服	堀田恭子	四八〇〇円
公害・環境問題の放置構造と解決過程	飯島伸子・渡辺伸一・藤川賢 著	三六〇〇円
公害被害放置の社会学 ―イタイイタイ病・カドミウム問題の歴史と現在	渡辺伸一・藤川賢・堀畑まなみ 著	三八〇〇円
自立支援の実践知 ―阪神・淡路大震災と市民社会	似田貝香門編	三八〇〇円
[改訂版]ボランティア活動の論理 ―阪神大震災とボランティア	西山志保	三六〇〇円
自立と支援の社会学 ―ボランタリズムとサブシステンス	佐藤恵	三二〇〇円
社会調査における非標本誤差	吉村治正	三三〇〇円

〒113-0023　東京都文京区向丘1-20-6　TEL 03-3818-5521　FAX03-3818-5514　振替 00110-6-37828
Email tk203444@fsinet.or.jp　URL:http://www.toshindo-pub.com/

※定価：表示価格（本体）＋税

東信堂

「居住福祉資源」の思想——生活空間原論序説　早川和男　二九〇〇円

検証 公団居住60年——《居住は権利》公共住宅を守るたたかい　多和田栄治　二八〇〇円

（居住福祉ブックレット）

居住福祉資源発見の旅 …新しい福祉空間、懐かしい癒しの場　早川和男　七〇〇円

どこへ行く住宅政策…進む市場化、なくなる居住のセーフティネット　本間義人　七〇〇円

漢字の語源にみる居住福祉の思想　李桓　七〇〇円

日本の居住政策と障害をもつ人　大本圭野　七〇〇円

障害者・高齢者と麦の郷のこころ…住民、そして地域とともに　伊藤静美・加藤直人・山本里見　七〇〇円

地場工務店とともに…健康住宅普及への途　山本里見　七〇〇円

子どもの道くさ　水月昭道　七〇〇円

居住福祉法学の構想　吉田邦彦　七〇〇円

奈良町の暮らしと福祉…市民主体のまちづくり　黒田睦子　七〇〇円

精神科医がめざす近隣力再建…進む「子育て」砂漠化、はびこる「付き合い拒否」症候群　中澤正夫　七〇〇円

住むことは生きること…鳥取県西部地震と住宅再建支援　片山善博　七〇〇円

最下流ホームレス村から日本を見れば　ありむら潜　七〇〇円

世界の借家人運動…あなたは住まいのセーフティネットを信じられますか?　髙島一夫　七〇〇円

「居住福祉学」の理論的構築　早川和男　七〇〇円

居住福祉資源発見の旅II…地域の福祉力・教育力・防災力　早川和男　七〇〇円

居住福祉の世界…早川和男対談集　張柳萍・早川和男　七〇〇円

医療・福祉の沢内と地域演劇の湯田…岩手県西和賀町のまちづくり　金持伸子・高橋典成　七〇〇円

「居住福祉資源」の経済学　神野武美　七〇〇円

長生きマンション・長生き団地　千代崎・山下千佳夫　七〇〇円

高齢社会の住まいづくり・まちづくり　蔵田力　八〇〇円

シックハウス病への挑戦…その予防・治療・撲滅のために　後藤允郎・迎田武奎　七〇〇円

韓国・居住貧困とのたたかい…居住福祉の実践を歩く　全泓奎　七〇〇円

精神障碍者の居住福祉…宇和島における実践（二〇〇六~二〇一一）　財団法人正光会編　七〇〇円

〒113-0023　東京都文京区向丘1-20-6　TEL 03-3818-5521　FAX03-3818-5514　振替 00110-6-37828
Email tk203444@fsinet.or.jp　URL:http://www.toshindo-pub.com/

※定価：表示価格（本体）＋税